04 | 6页

05 | 7页

06 | 8页

07 | 10页

08 | 11页

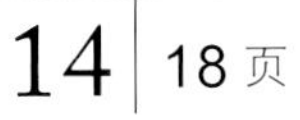
14 | 18页

时尚的穿搭小配饰

15 | 20页

16 | 20页

17、18 | 21页

24 | 28页

25 | 29页

26 | 30页

休闲舒适的针织衫

背心和无袖套头衫可以叠穿或单穿，
方便实用，是春夏服饰中不可缺少的单品。
这里介绍的针织衫可以随意穿搭，
增添浓浓的季节气息。

01

套头衫

这是一款富有个性的作品，
用大胆配色的段染线编织出
了V形条纹。
在方眼针中加入编织花样，
也使织物纹理显得疏密有致。

设计：矢野康子
制作：长谷川千代子
使用线材：Ski Cotorra
●编织方法见33页

02

套头衫

这款套头衫使用了类似带状纱线的真丝线材。身片是小巧的扇形花样，尽显女性的优雅气质。装饰边缘的狗牙针以及下摆随身摇曳的小花更是增添了几分俏丽感。

设计：河合真弓
制作：冲田喜美子
使用线材：Ski BelleSoie

●编织方法见38页

03
套头衫

在逐渐变化的段染色基础上，
拉针的纯白色线条编织出了格子花样，清凉感十足。
前身片下摆两侧浮雕般的植物花样别有一番趣味。

设计：小野琇未
制作：高濑结子
使用线材：Ski Vega、Ski Cotton Linen ~夏衣~

●编织方法见43页

04
套头衫

这款套头衫由多种编织花样组成，段染线的颜色极具韵味。柔软的真丝混纺线材打造出了自然休闲的外形。

设计：田村佳苗

使用线材：Ski Vega

●编织方法见40页

05

背心

在简单的长针基础上勾勒出规律的几何图案，
真是别有妙趣的设计。
凉爽的棉麻混纺线材编织的背心
在夏天最讨人喜欢了。

设计：镰田惠美子
制作：小林知子
使用线材：Ski Cotton Linen ~夏衣~
●编织方法见51页

06
马甲

这是一款由镂空花样编织的马甲，
由锯齿花样和小花花样组成。
虽然是长款，
却充满了夏日气息，
给人轻快的感觉。
系在胸前的飘带增添
了女性的柔美气质。

设计：今井泰子
使用线材：Ski Linen Silk

●编织方法见63页

07
背心

这款背心给人一种静谧的感觉，
仿佛阳光透过枝叶洒落下来。
用深绿色的棉麻混纺线材
编织成简单的直筒形背心，
既凉爽，又轻柔通透。

设计：Tomoko Nawa
使用线材：Ski Cotton Linen ~夏衣~
●编织方法见42页

08
背心

侧边系带背心搭配宽袖衬衫，
洋溢着满满的女人味。
身片的镂空花样部分用2根线合股编织，
与花片的质感和谐统一。

设计：小野琇未
制作：森山妙子
使用线材：Ski Supima Cotton
●编织方法见46页

技法有趣的魅力毛衫

又到了展现靓丽风采的季节，
不妨一起编织略显复杂的精品吧。
更加注重细节，设计感也更强一些。

09
开衫

这款开衫是由清爽的十字花片拼接而成。
棉麻混纺线材散发着自然的光泽，简单地披在身上就能让人焕发光彩。

设计：SKI毛线企划室
使用线材：Ski Cotton Linen ~夏衣~
●编织方法见48页

10
背心

使用色彩温和的段染线编织，
背心的不对称设计令人印象深刻。
先编织首尾相连的蝴蝶饰带，
再从饰带上挑针横向编织细小的花样。

设计：今井泰子
使用线材：Ski Cotorra

●编织方法见54页

11
套头衫

彩色线透着一股和风的气息，
这款镂空菱形花样套头衫非常
方便穿搭。
除领窝以外，无须加减针，
简单的编织技法也令人惊喜。

设计：河合真弓
制作：松本良子
使用线材：Ski Harugasumi
●编织方法见58页

12
背心

这款背心是从领口往下摆方向钩织扇形花样，纵向线条使整体款式显得简洁利落。
棉与真丝混纺的线材绚丽多彩。

设计：伊藤由香里
使用线材：Ski Harugasumi
●编织方法见66页

13
套头衫

树叶花样的针织衫充满凉意，
褶裥丰富的荷叶边袖子
增添了几分恰到好处的可爱。
爽滑的亚麻真丝线材手感也非常舒适。

设计：角田奈津子
使用线材：Ski Linen Silk
●编织方法见68页

14
套头衫

这是一款充满灵气的套头衫，阳光下尽情绽放的大花朵花片和拼接后形成的纤细小花浑然一体。淡雅的浅粉色真丝线彰显了高级质感。

设计：奥住玲子
使用线材：Ski BelleSoie

●编织方法见60页

时尚的穿搭小配饰

在这个着装越来越轻薄的季节，
让我们用别致的小配饰
为每日的着装增加一些变化和点缀吧。

15
贝雷帽

这是用天然棉线编织的夏季贝雷帽。
菠萝花样格外引人注目，
为夏季穿搭增添一抹别样的韵味。

设计：矢野康子
使用线材：Ski Supima Cotton
●编织方法见92页

16
围巾

无论是防晒还是防空调冷气，
这款围巾都是春夏季节的实用单品。
用起伏针和镂空花样精心编织而成，
有着带子纱线若隐若现的金属光泽。

设计：SKI毛线企划室
使用线材：Ski Quartz
●编织方法见70页

17、18

围巾

这两款围巾是用真丝线材编织而成，
选用了细腻的蕾丝钩编花样，
简单地围在脖子上就给人凉爽的感觉。
分别使用了5团线和2团线。

设计：冈 真理子
制作：大西二叶
使用线材：Ski BelleSoie
●编织方法见71页

清爽怡人的花样毛衫

春夏季节最喜欢轻柔凉爽的针织衫。
这里收集了几款单品，
除了穿着时的舒适感，
漂亮的编织花样也
给人清爽利落的感觉。

19
套头衫

这是用带子纱线编织的套头衫，
细腻的亮丝线若隐若现。
V领设计可以突显清秀的面容，
加上轮廓分明的菱形花样，
尽显成熟女性的魅力。

设计：岸 睦子
使用线材：Ski Quartz
●编织方法见72页

20
套头衫

线材的色彩变化非常丰富，
用麻花花样和V形镂空花样
编织的套头衫十分轻柔。
单颗纽扣固定的半开襟设计
使领口看上去清爽简洁。

设计：久松幸子
使用线材：Ski Meilong
●编织方法见76页

21
套头衫

长距离段染线编织出别有韵味的条纹花样，米白色的拉针花样富有跳跃性和律动感。真是一款凉意十足的作品。

设计：松泽初枝
制作：前泽美幸
使用线材：Ski Cotorra、Ski Quartz

●编织方法见80页

22
套头衫

这款套头衫的编织花样
是从中心向两侧呈V形展开，
花样清晰明朗。
虽然是休闲风设计，
但是短针钩织的POLO领
紧致有型，
增添了一分端庄和稳重。

设计：镰田惠美子
制作：饭塚静代
使用线材：Ski Harugasumi
●编织方法见84页

23

开衫

每个条纹方块改变编织方向，
就编织出了这款轻快的拼布风
花样开衫。
用单颗纽扣固定即可，
穿着简单方便，实用极了。

设计：武田敦子
制作：饭塚静代
使用线材：Ski Quartz
●编织方法见88页

24
套头衫

树叶花样和十字花样交错排列，整件套头衫给人清新淡雅的印象。

有机棉线使用食物制作的染料加工而成，令作品充满了自然的柔和气息。

设计：田村佳苗

使用线材：Food Textile

●编织方法见93页

25

雅致的镂空花样和线材的光泽度演绎出一种成熟的时尚感。
偏离中心的V形花样以及法式袖设计可以很好地修饰身材，
看上去更加清爽利落。
真是一款不可多得的精美上衣。

设计：岸 睦子
使用线材：Ski Linen Silk
●编织方法见96页

26
套头衫

用春意盎然的段染线编织斜纹镂空花样，渐变的条纹效果给人柔美的印象。
宽松的版型加上偏短的衣长，整体设计非常和谐。

设计：加藤扶贵子
使用线材：Ski Cotorra
●编织方法见100页

本书使用线材一览

1 2 3 4 5 6 7 8 9 10

※ 图片为实物粗细

线材名称	成分	粗细	颜色数	规格	线长	使用针号	下针编织	线材的特点
1 Ski Cotorra	棉76% 人造丝24%	粗	7	50g/团	约182m	3～4号 3/0～5/0号	26～28针 35～37行	棉与人造丝混纺的平直毛线，特点是色彩鲜明的超长距离段染，清凉感十足。每团线的色调各不相同，可以一边编织一边享受色彩的变化
2 Food Textile	棉（有机棉） 100%	粗	6	25g/团	约79m	3～4号 3/0～4/0号	26～28针 33～35行	这是一款倡导可持续发展理念的手编线，使用的染料从原本要丢弃的蔬菜和水果等食材中提取色素制作而成。虽然使用天然原材料，但是不易褪色，可以广泛使用
3 Ski BelleSoie	真丝100%	中细	12	20g/团	约106m	2～3号 2/0～4/0号	30～32针 40～42行	类似带状纱线的100%真丝线材，经过特殊加工处理，色牢度较高，织物不易起毛，一年四季都可以编织
4 Ski Meilong	人造丝66% 棉16% 锦纶13% 涤纶5%	粗	9	30g/团	约100m	4～6号 4/0～6/0号	24～26针 31～34行	在富有光泽的人造丝段染线中加入金色丝线，彰显了流行的“光感”。加上恰到好处的蓬松感以及丰富的色彩变化，使线材更加精美
5 Ski Harugasumi	棉46% 真丝54%	中细	8	30g/团	约121m	3～5号 4/0～5/0号	26～29针 35～37行	淡雅的自然色真丝线与棉质的彩色竹节花式线合捻而成的特色线，透着一股和风气息
6 Ski Quartz	涤纶69% 人造丝31%	粗	10	30g/团	约120m	3～5号 4/0～5/0号	24～27针 29～34行	这是一款轻柔凉爽的带子纱线，漂亮的颜色洋溢着春夏气息，闪烁着银色丝线的光泽。宽度适中，容易编织，作品十分雅致
7 Ski Supima Cotton	棉（顶级比马棉） 100%	粗	25	30g/团	约98m	3～5号 3/0～5/0号	23～26针 30～33行	用长纤维的顶级比马棉加工而成，有着丝绸般的光泽和手感。一共有25种颜色，编织衣服和小物都非常适合
8 Ski Cotton Linen ～夏衣～	棉70% 麻（亚麻）30%	中细	13	30g/团	约116m	3～4号 3/0～4/0号	26～28针 33～35行	亚麻与棉线混纺的平直毛线，颜色丰富，光泽自然柔美，捻度较强，尤其适合钩针编织
9 Ski Linen Silk	麻（法国亚麻） 70% 真丝30%	中细	12	25g/团	约99m	3～5号 3/0～5/0号	23～26针 26～30行	这是以优质亚麻而闻名的法国原产亚麻与真丝的混纺线，具有漂亮的光泽和较强的韧性
10 Ski Vega	腈纶54% 人造丝46%	粗	10	25g/团	约104m	4～6号 3/0～5/0号	24～25针 30～33行	编织后自然形成条纹花样的特色线。所用针具和编织花样不同，会呈现出不同的色彩效果，可以编织出充满创意的作品

* 线的粗细是比较笼统的表述，仅供参考。此外，下针编织密度的数据来自生产商。

作品的编织方法

■材料 Ski Cotorra（粗）黑色+绿色系段染（1817）260g/6团

■工具 钩针4/0号

■成品尺寸 胸围96cm，衣长53cm，连肩袖长27cm

■编织密度 10cm×10cm面积内：编织花样A 27.5针，13行；编织花样B 27.5针，14.5行

■编织要点 前、后身片相同。因为是长间距段染线，注意编织花样A的左、右两侧编织起点的颜色要一致。钩织1针锁针起针，如图1、图2所示，按编织花样A钩织下摆和肋部的三角形部分。袖下钩织8针锁针加针，从2个三角形的长边上挑针，接着按编织花样B钩织身片。参照图3~图9，一边钩织一边在中心、袖窿、肩部做加减针。前、后身片的肩部钩织引拔针和锁针接合，肋部也做锁针接合。下摆按边缘编织A环形钩织，领口和袖口分别按边缘编织B环形钩织。

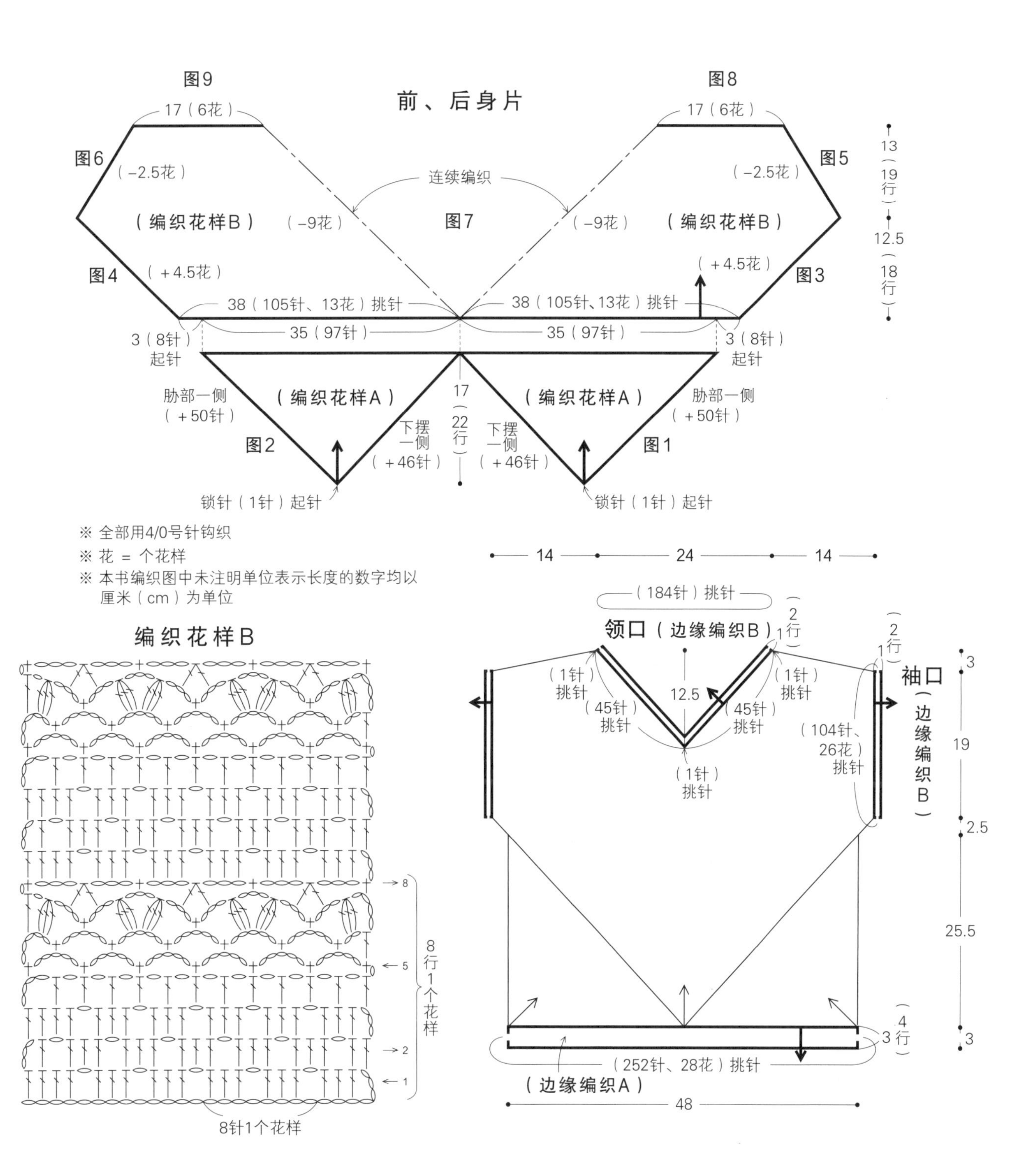

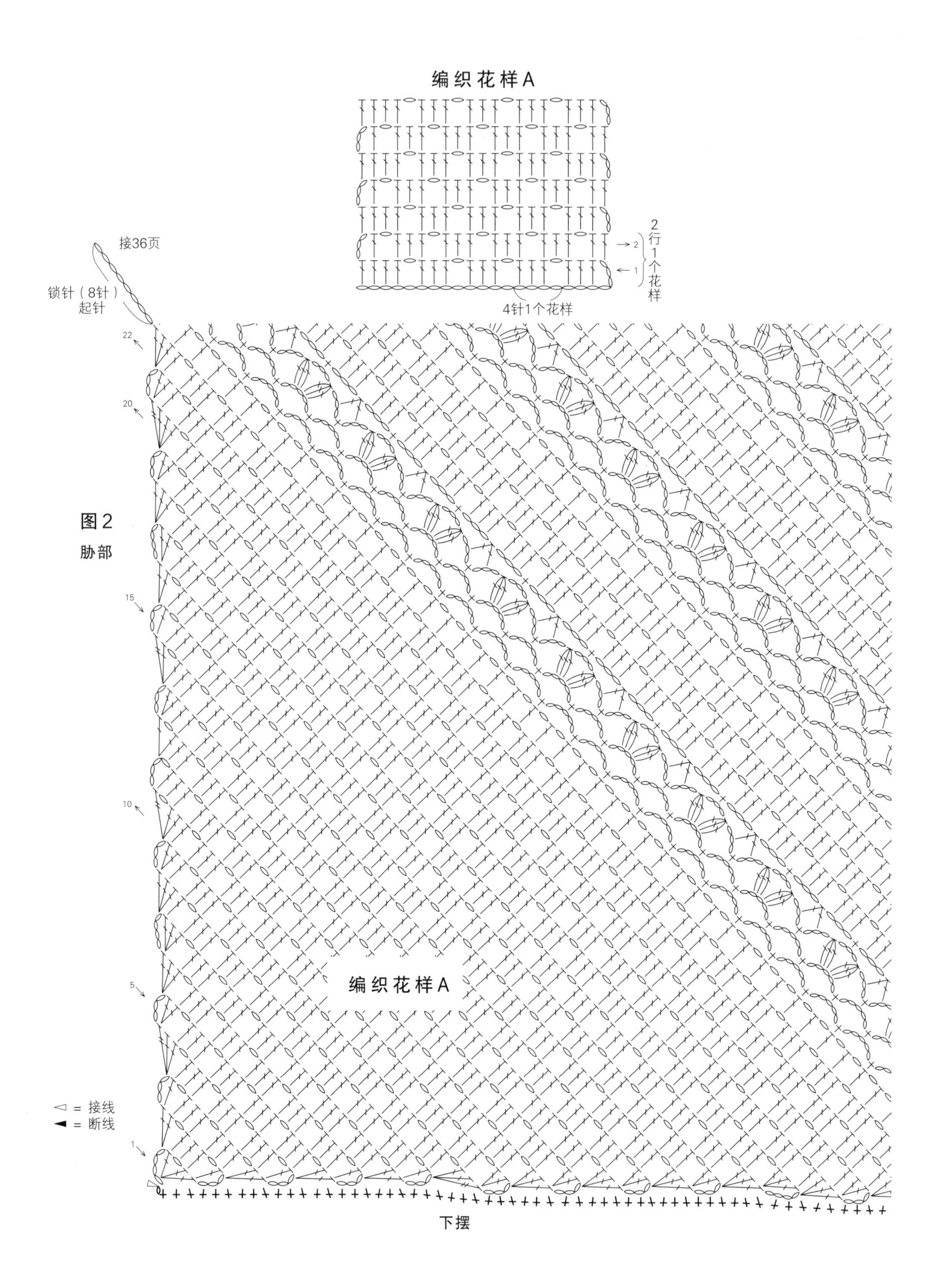
编织花样A
2行1个花样
2
1
4针1个花样
接36页
锁针（8针）起针
22
20
图2
胁部
15
10
编织花样A
5
1
◁ = 接线
◀ = 断线
下摆

编织花样B

接37页

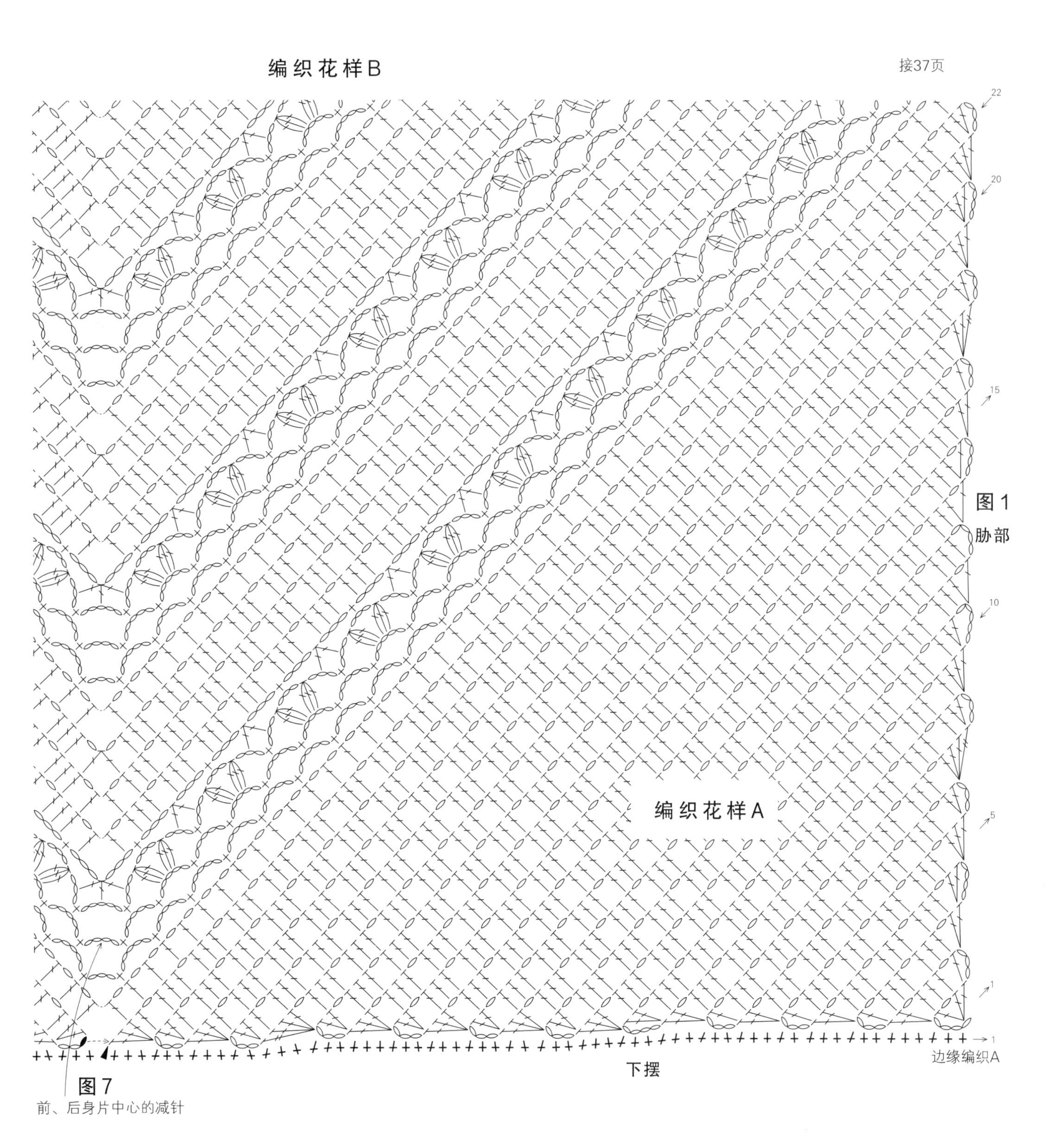

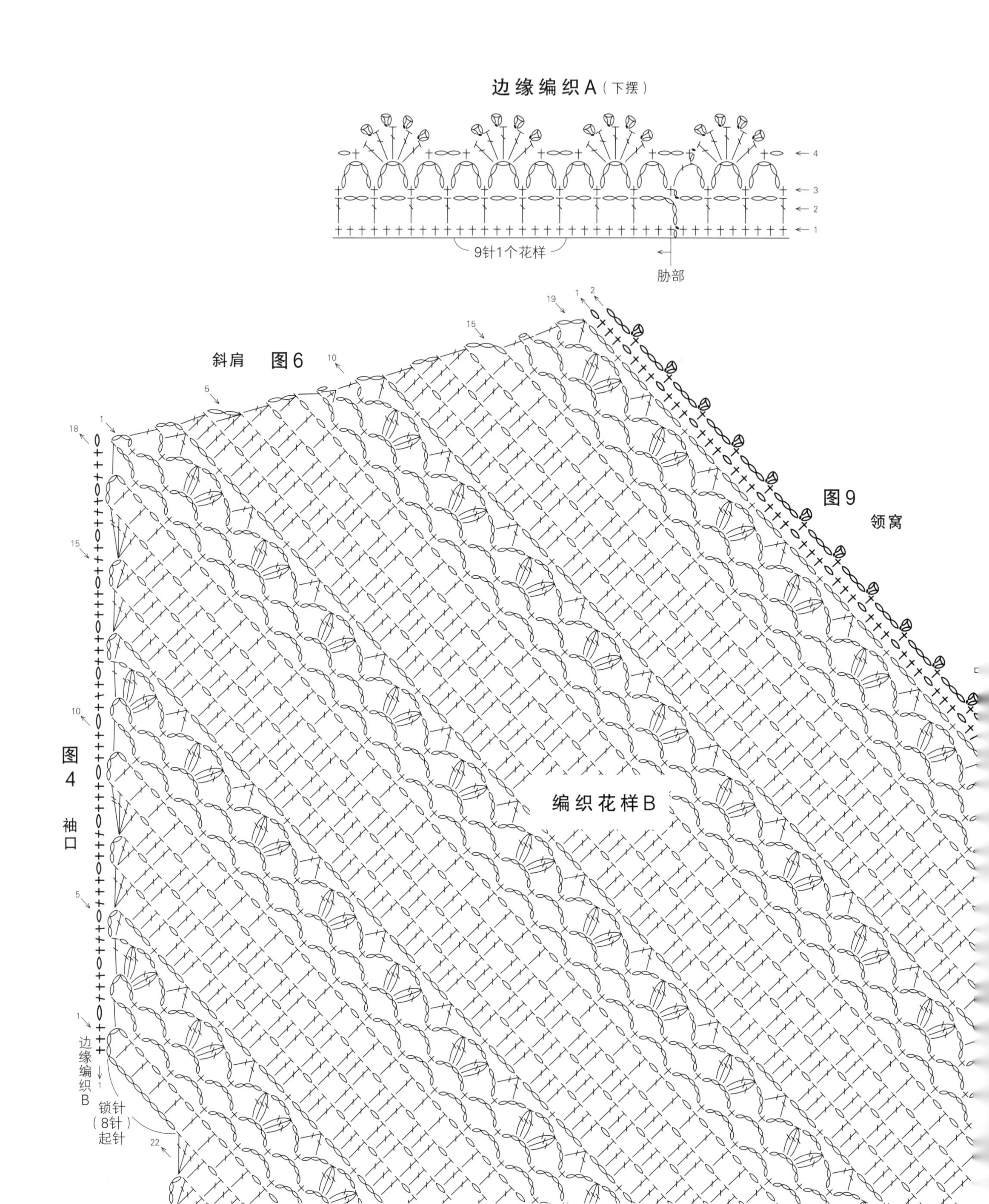

边缘编织A（下摆）
4
3
2
1
9针1个花样
胁部
19
1
2
15
10
5
1
18
15
10
5
1
斜肩 图6
图9
领窝
编织花样B
图4
袖口
边缘编织B
1
锁针（8针）起针
22

边缘编织B（领口、袖口）

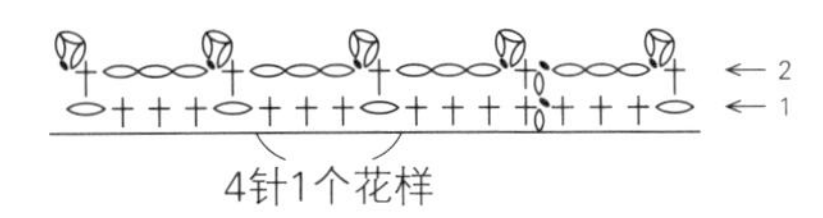
2
1
4针1个花样

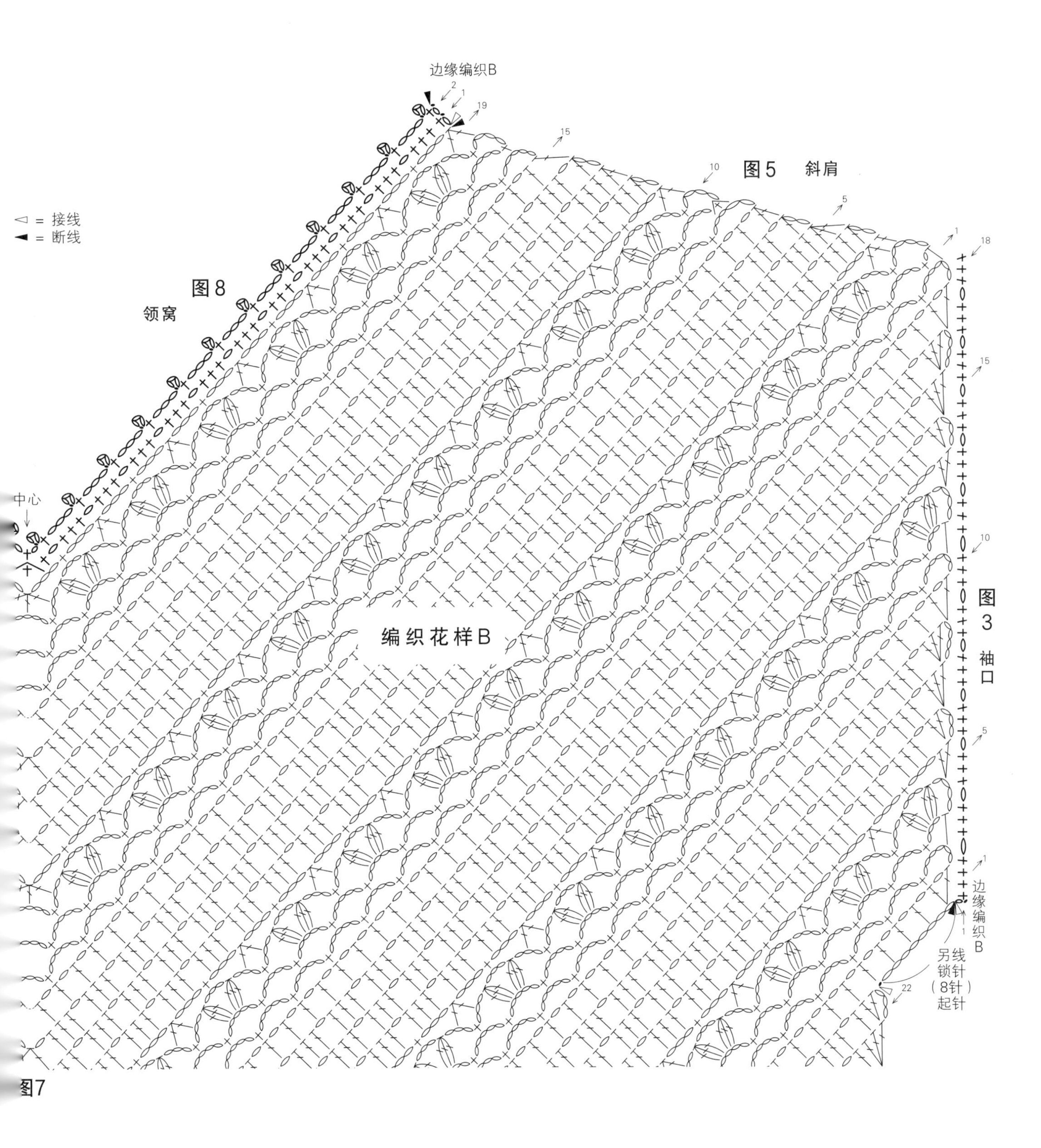
边缘编织B
2
1
19
15
10
图5 斜肩
5
1
18
◁ = 接线
◀ = 断线
图8
领窝
中心
15
10
图3
袖口
编织花样B
5
1
边缘编织B
1
另线锁针（8针）起针
22
图7

■材料 Ski BelleSoie（中细）藏青色（5110）230g/12团

■工具 钩针3/0号

■成品尺寸 胸围100cm，衣长52.5cm，连肩袖长26cm

■编织密度 10cm×10cm面积内：编织花样38针，11.5行

■编织要点 钩织锁针起针后，全部按编织花样钩织。前领窝请参照图1钩织。前、后身片的肩部细密地钩织引拔针和锁针接合。袖口开口止位以下的胁部也是细密地钩织引拔针和锁针接合。下摆按边缘编织A环形钩织，领口、袖口按边缘编织B环形钩织。

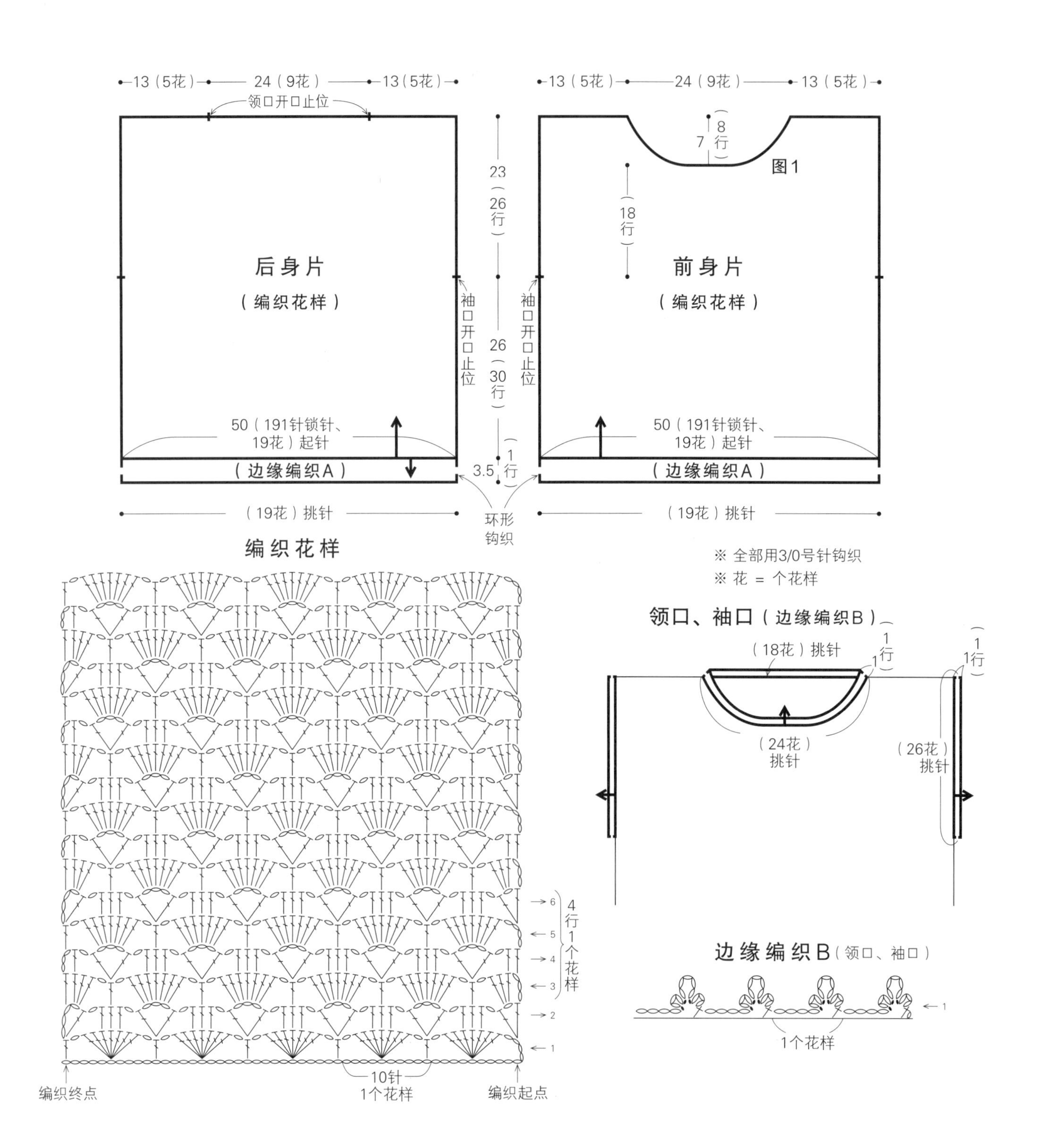

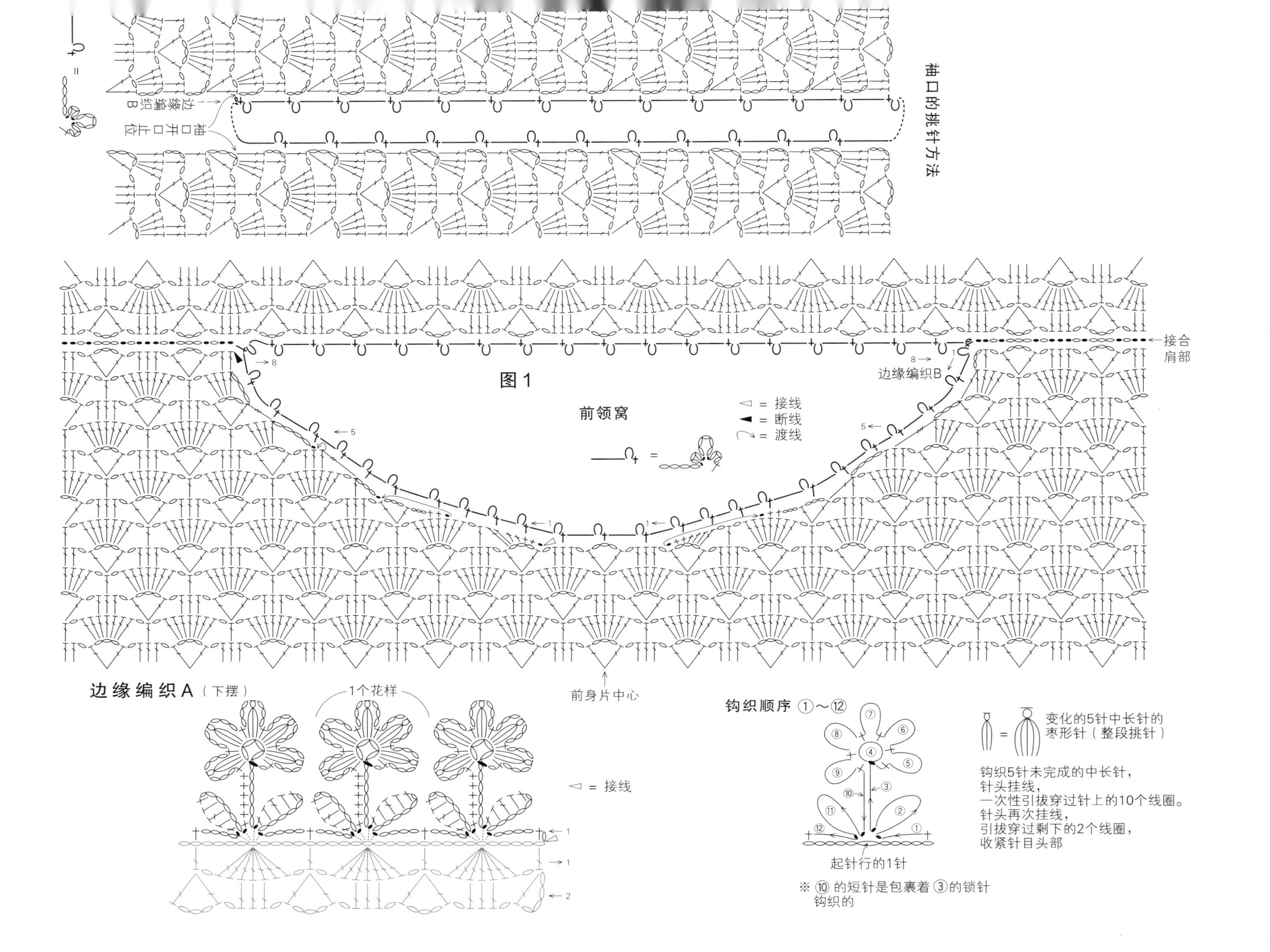
袖口的挑针方法
边缘编织B
袖口开口止位
图1
前领窝
◁ = 接线
◀ = 断线
↷ = 渡线
接合肩部
边缘编织B
前身片中心
边缘编织A（下摆）
1个花样
◁ = 接线
钩织顺序 ①～⑫
起针行的1针
※ ⑩ 的短针是包裹着 ③的锁针钩织的
变化的5针中长针的枣形针（整段挑针）
钩织5针未完成的中长针，
针头挂线，
一次性引拔穿过针上的10个线圈。
针头再次挂线，
引拔穿过剩下的2个线圈，
收紧针目头部

04

6页

■材料 Ski Vega（粗）茶色系段染（1116）240g/10团

■工具 棒针6号、5号、4号

■成品尺寸 胸围100cm，衣长58cm，连肩袖长29.5cm

■编织密度 10cm×10cm面积内：下针编织25针，30行；编织花样A 25针，27行；编织花样B 25针，35行

■编织要点 在下摆位置手指挂线起针后开始编织起伏针，接着按编织花样A编织。减1针后，继续做编织花样B和下针编织。领窝减2针及以上时做伏针减针，减1针时立起侧边1针减针。斜肩做留针的引返编织，肩部做引拔接合。袖子从身片挑针后编织双罗纹针，结束时按前一行针目做伏针收针。领口环形编织起伏针，最后做上针的伏针收针。胁部、袖下做挑针缝合。

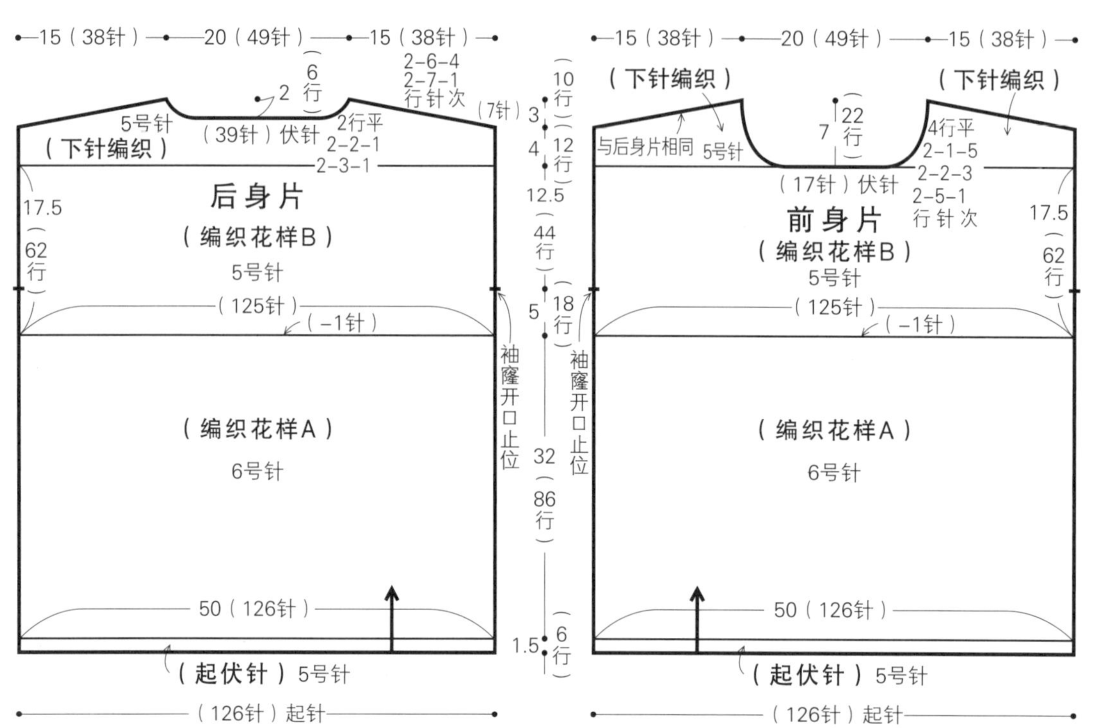

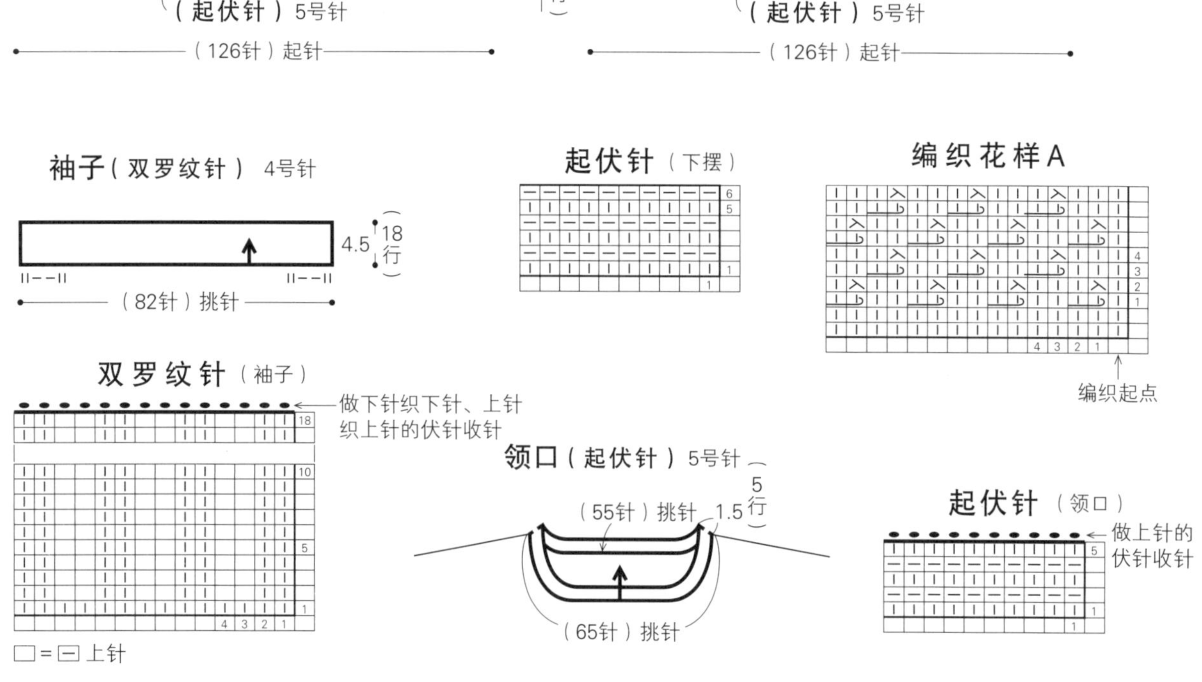

编织花样B

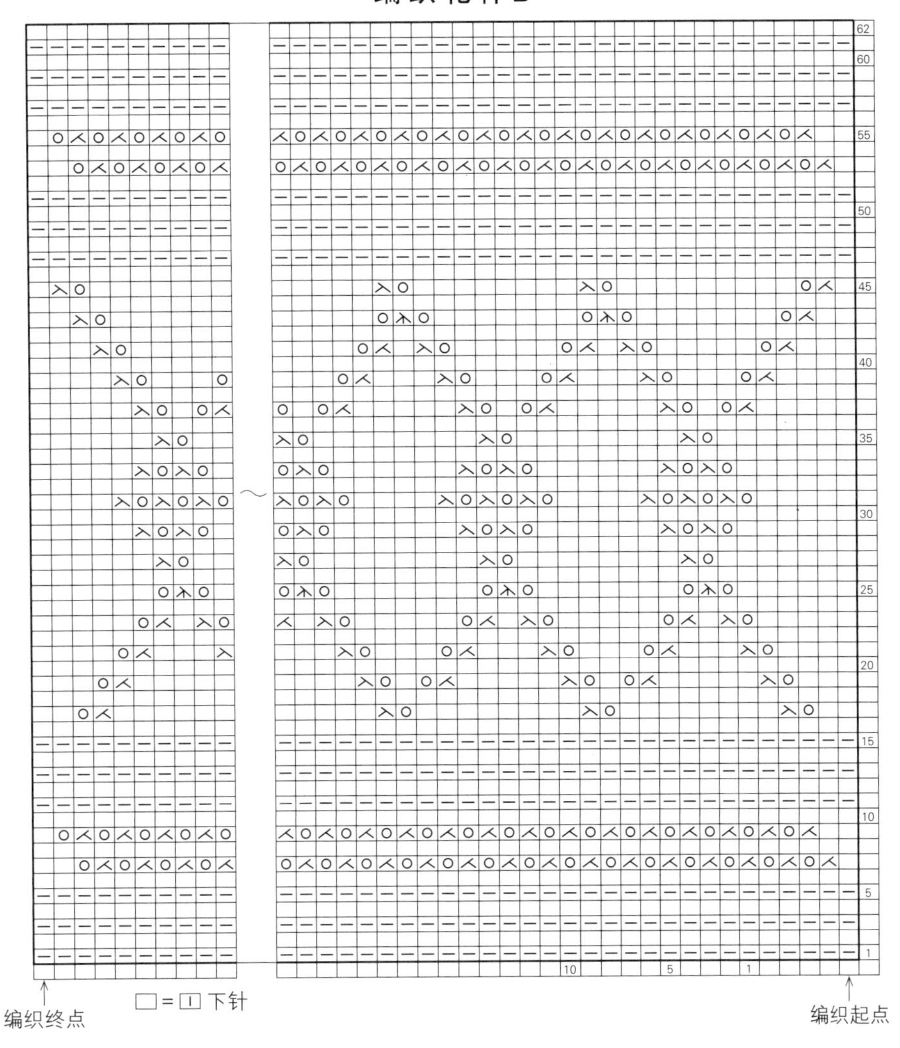

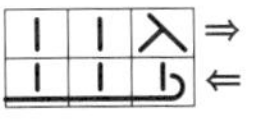

向右拉的盖针
（2行）

作品是从第2针与第3针之间拉出线圈

①

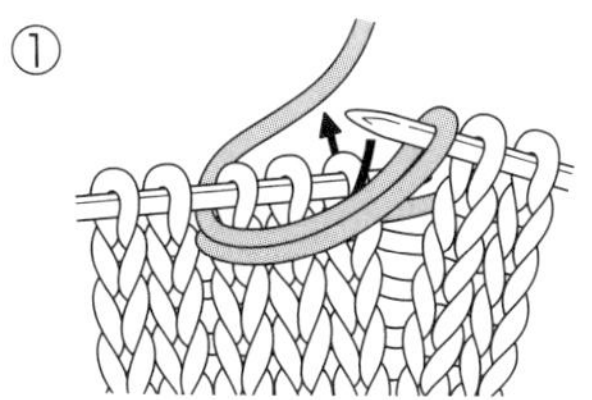
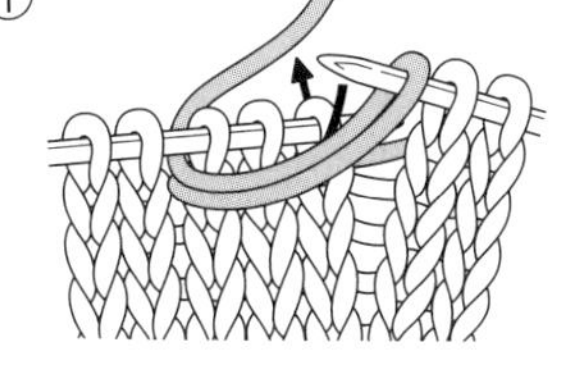

在第3针与第4针之间插入右棒针，挂线后拉出，接着编织3针。

②

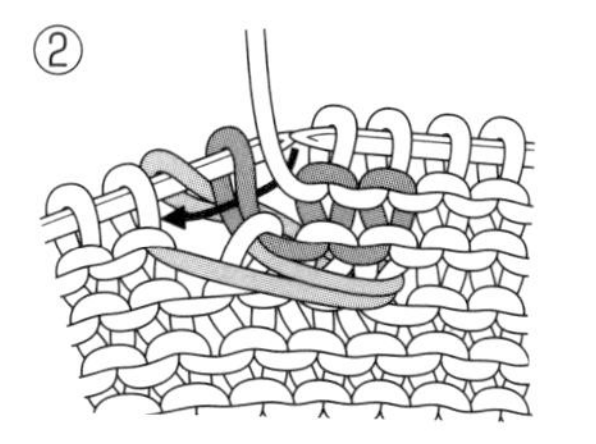

下一行先编织2针上针，在第3针里插入右棒针。

③

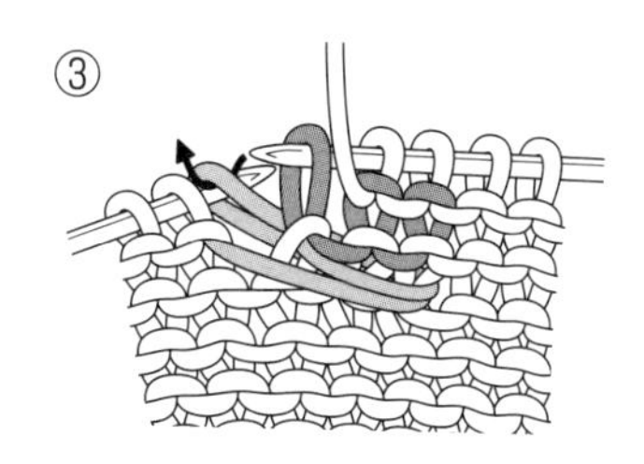

如箭头所示，再在前一行拉出的线圈里插入右棒针。

④

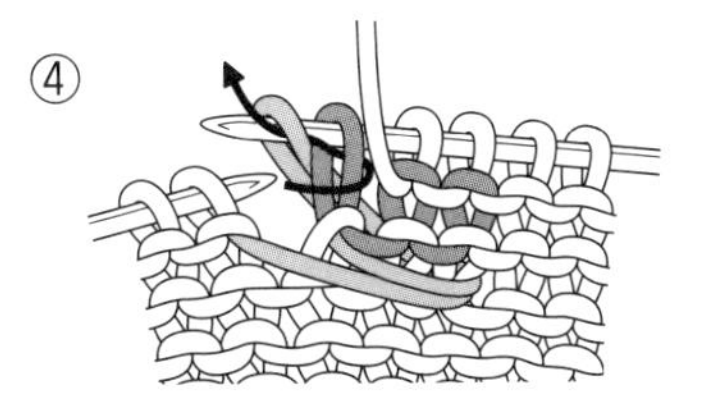

如箭头所示在2针里插入左棒针，将2针移至左棒针上（交换2针的位置）。

⑤

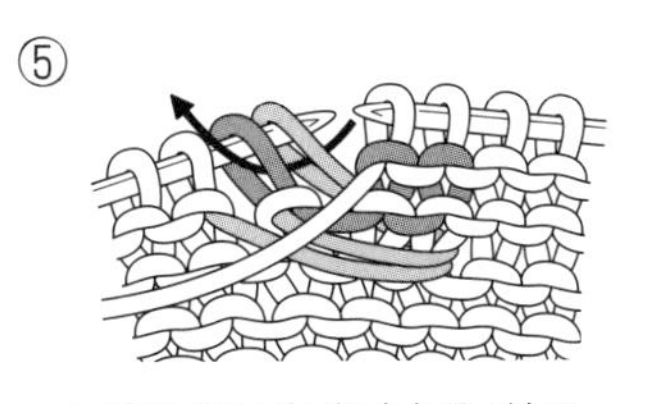

如箭头所示在移过来的2针里插入右棒针，编织上针。

⑥

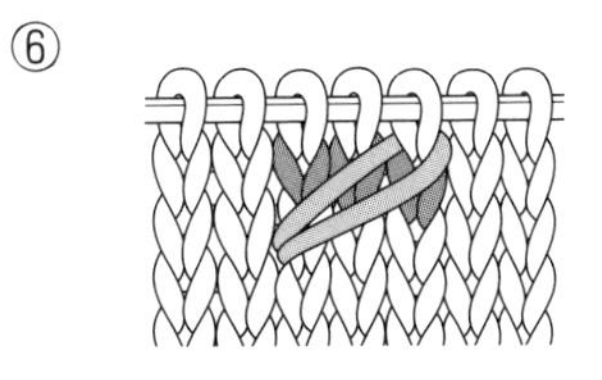

向右拉的盖针完成，这是从正面看到的状态，拉出的线圈位于上方。

07

10页

■材料 Ski Cotton Linen ~夏衣~（中细）深绿色（1021）170g/6团

■工具 棒针5号、4号，钩针5/0号

■成品尺寸 胸围90cm，衣长53cm，连肩袖长22.5cm

■编织密度 10cm×10cm面积内：编织花样22针，33行

■编织要点 前、后身片相同。在下摆位置用钩针（5/0号）在棒针上起针，然后用指定针号的棒针编织起伏针，接着按编织花样无须加减针继续编织。最后编织起伏针，最后一行先编织一侧的肩部，领口部分做伏针收针，再编织另一侧的肩部。前、后身片的肩部做引拔接合，袖口开口止位以下的胁部做挑针缝合。袖口直接使用编织花样的边缘。

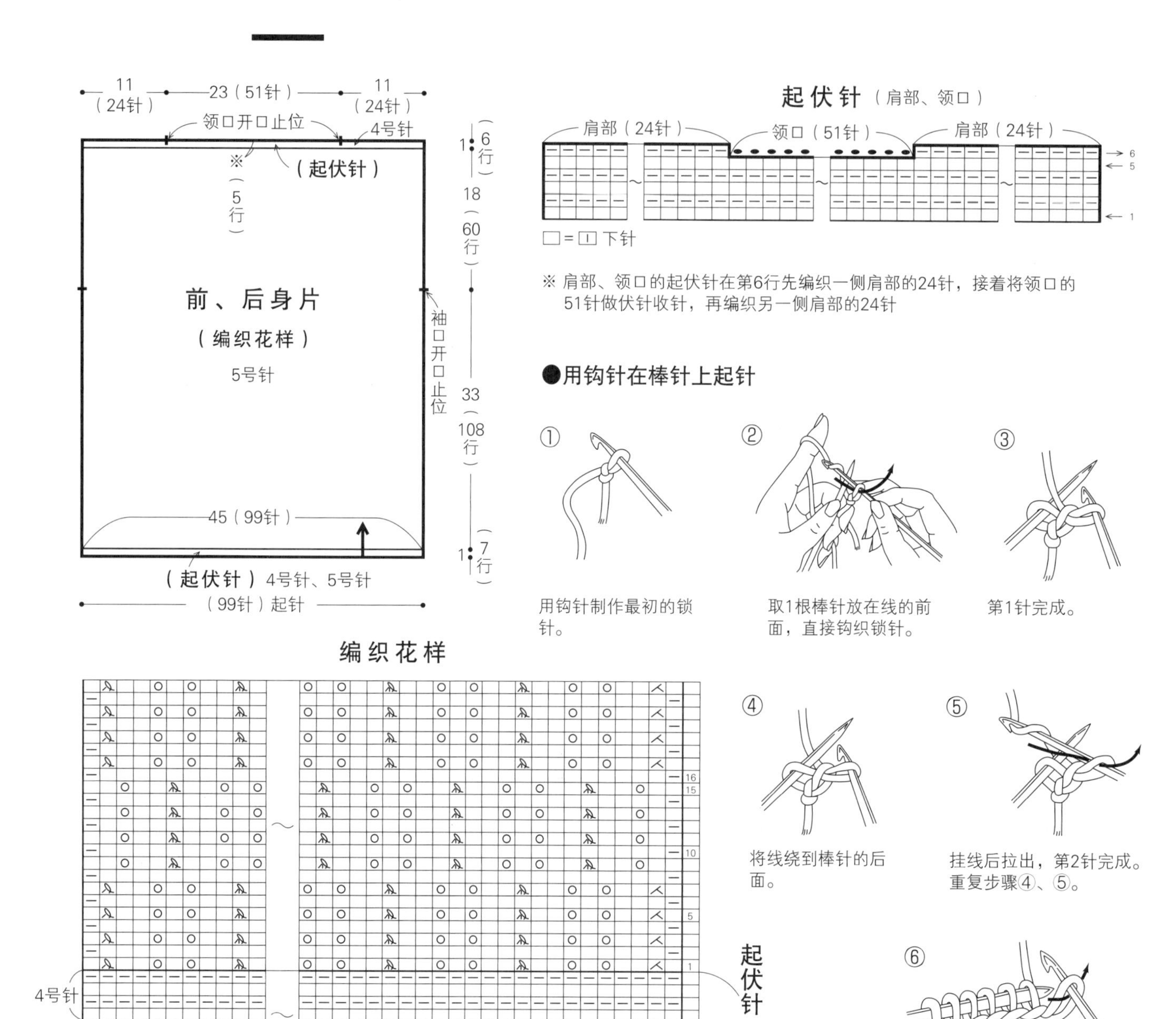

□=□ 下针

▲= 扭针的右上3针并1针

针目1是以上针的入针方式从后往前插入右棒针，移过针目。在针目2、3里编织左上2针并1针，再挑起针目1将其覆盖在已织针目上（针目1呈扭针状态）。

★起针是用钩针（5/0号）在棒针（5号）上钩织锁针，接下来的第2行用5号针编织

03

5页

■材料 Ski Vega（粗）浅紫色系段染（1122）140g/6团，Ski Cotton Linen ~夏衣~（中细）白色（1001）140g/5团

■工具 钩针7/0号、5/0号、6/0号

■成品尺寸 胸围102cm，衣长51.5cm，连肩袖长26cm

■编织密度 编织花样A的1个花样2.3cm，10cm20行

■编织要点 后身片钩织罗纹绳起针，从锁针的2根线里挑针，按编织花样A钩织。前身片分为上、下两部分。上半部分的钩织方法与后身片相同，前、后领窝也相同。前身片下面的编织花样A部分钩织罗纹绳起针，两侧如图所示一边加针一边按编织花样B、B'朝下摆方向钩织。从下半部分的起针行以及编织花样B、B'上挑针钩织1行短针，然后与上半部分做卷针缝缝合。肩部做卷针接合，胁部钩织引拔针和锁针接合。领口、袖口按边缘编织A环形钩织，开衩部位按边缘编织B钩织。

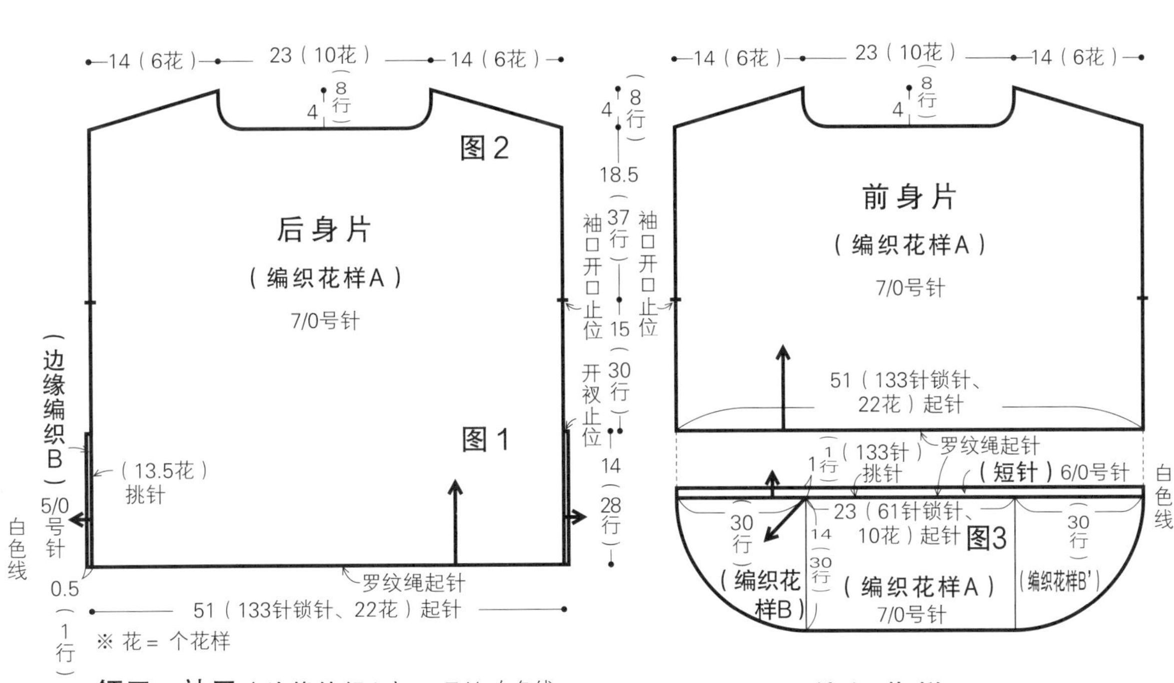

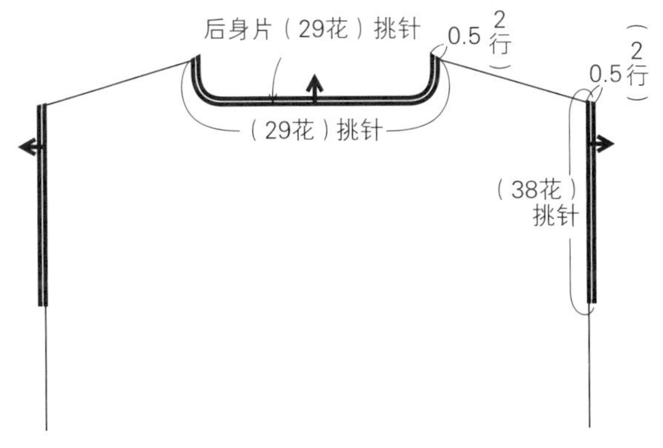

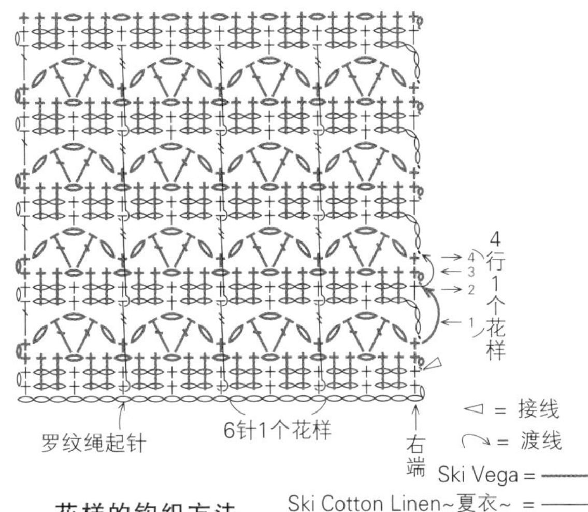

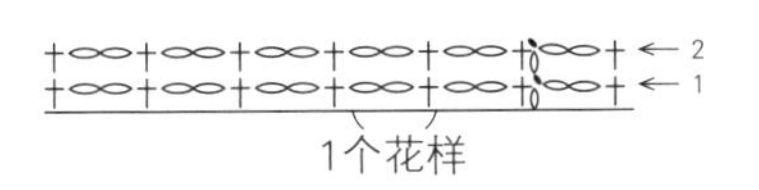

花样的钩织方法

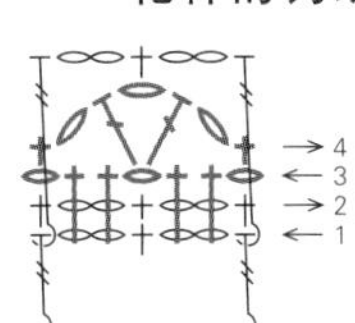

- 每2行交替用白色线和浅紫色系段染线钩织
- 用白色线钩织第1行时，在前面第4行挑针钩织长长针的正拉针
- 第3行用浅紫色系段染线包住白色线的2行锁针钩织短针

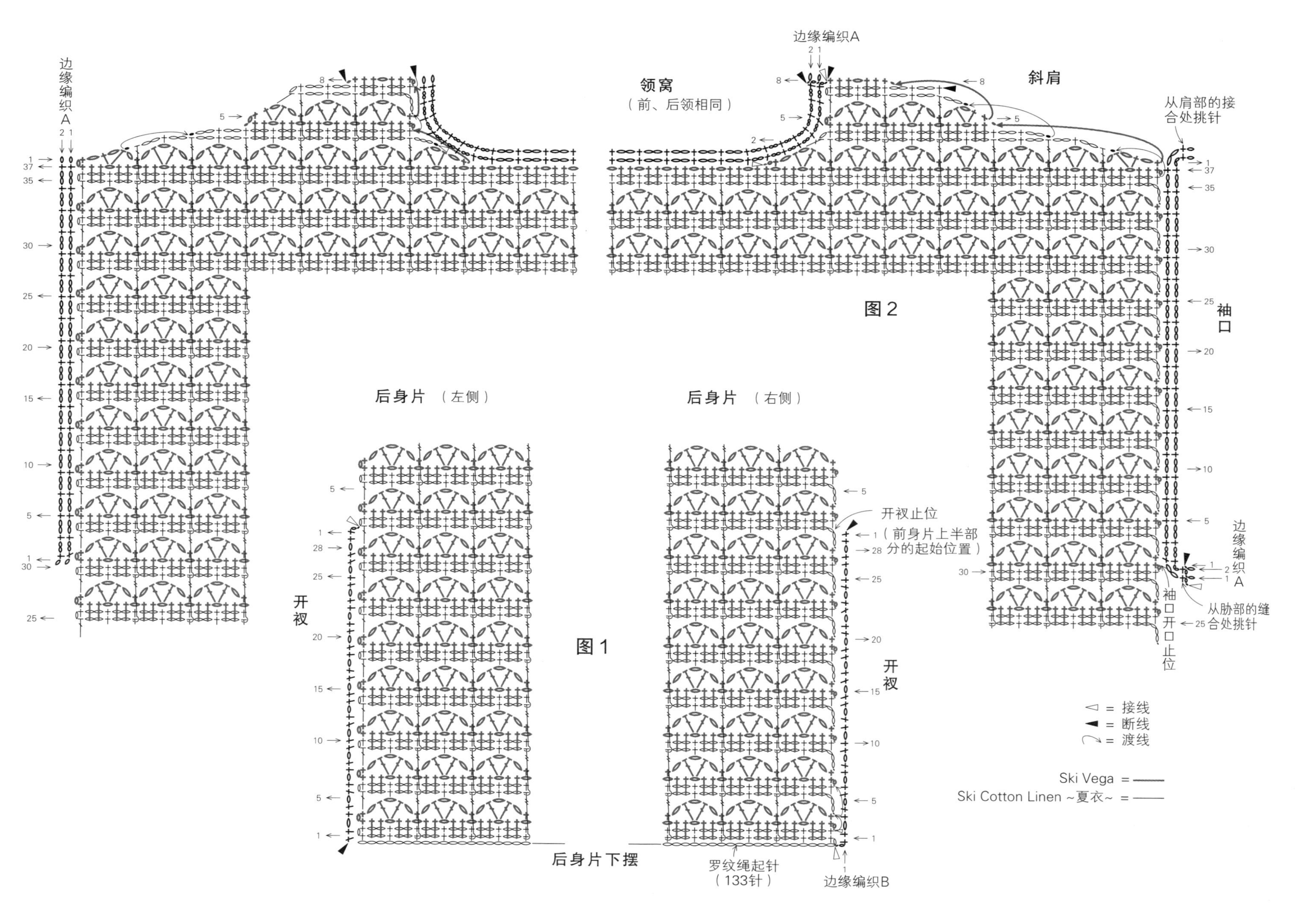

边缘编织A
领窝
（前、后领相同）
斜肩
从肩部的接合处挑针
袖口
图2
后身片（左侧）
后身片（右侧）
开衩止位
（前身片上半部分的起始位置）
边缘编织A
从肋部的缝合处挑针
袖口开口止位
开衩
图1
开衩
◁ = 接线
◀ = 断线
渡线
Ski Vega =
Ski Cotton Linen ~夏衣~ =
后身片下摆
罗纹绳起针
（133针）
边缘编织B

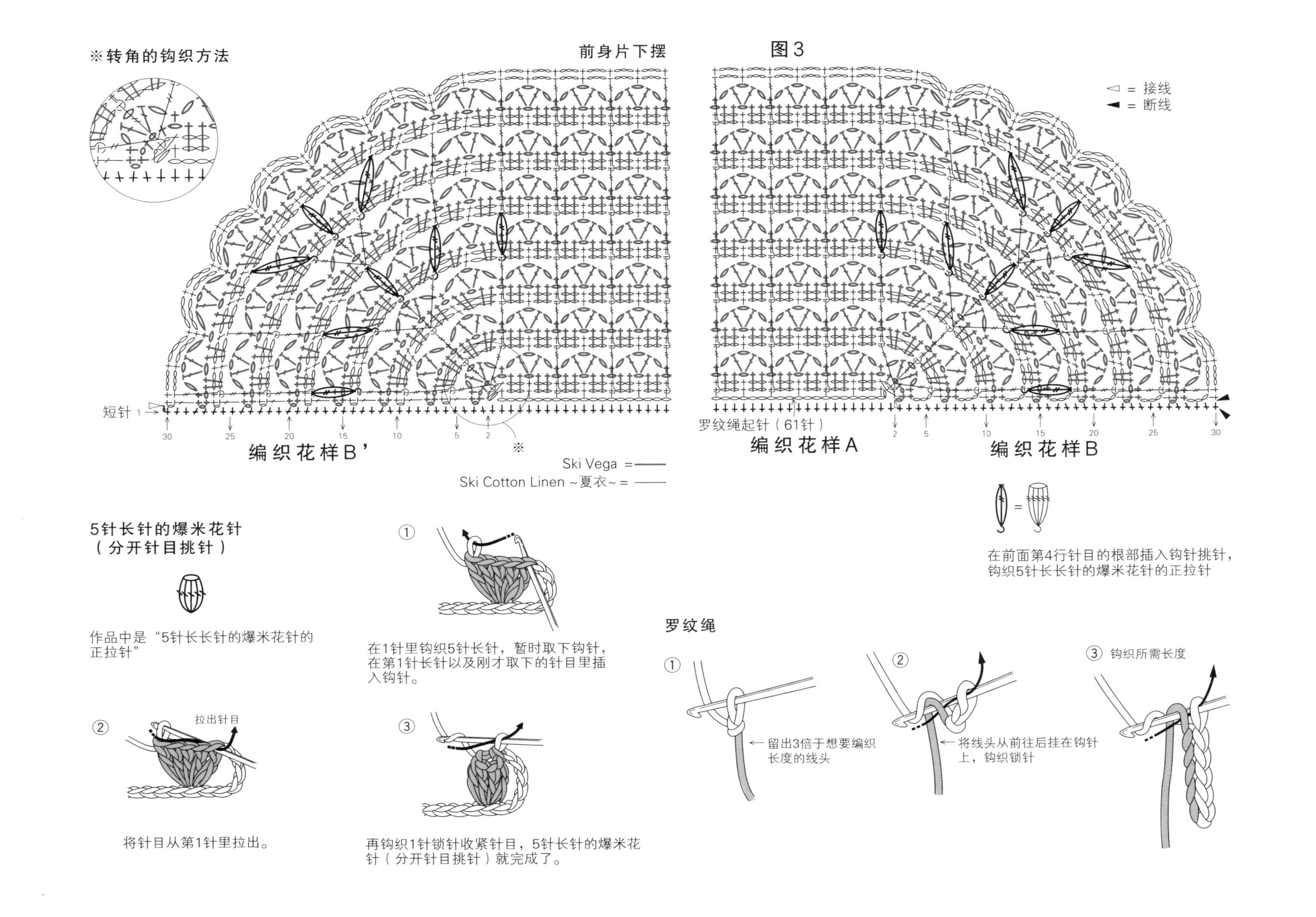
※转角的钩织方法
前身片下摆
图3
◁ = 接线
◀ = 断线
短针
罗纹绳起针（61针）
编织花样B'
编织花样A
编织花样B
Ski Vega =
Ski Cotton Linen ~夏衣~ =
在前面第4行针目的根部插入钩针挑针，
钩织5针长长针的爆米花针的正拉针
5针长针的爆米花针
（分开针目挑针）
作品中是“5针长长针的爆米花针的
正拉针”
在1针里钩织5针长针，暂时取下钩针，
在第1针长针以及刚才取下的针目里插
入钩针。
拉出针目
将针目从第1针里拉出。
再钩织1针锁针收紧针目，5针长针的爆米花
针（分开针目挑针）就完成了。
罗纹绳
留出3倍于想要编织
长度的线头
将线头从前往后挂在钩针
上，钩织锁针
钩织所需长度

08

11页

■材料 Ski Supima Cotton（粗）绿色（5018）300g/10团

■工具 棒针10号、8号、5号，钩针5/0号、8/0号

■成品尺寸 胸围98cm，衣长55cm，连肩袖长24.5cm

■编织密度 10cm×10cm面积内：编织花样15.5针，18行

■花片的大小 直径9.5cm

■编织要点 前、后身片的编织方法相同。除系带和下摆的连接花片以外，均用2根线合股编织。手指挂线起针后，按编织花样编织身片，注意两侧编织扭针的单罗纹针。在编织花样的第71行如图所示减针，然后编织扭针的单罗纹针。下摆的花片环形起针后开始钩织。从第2个花片开始，一边钩织，一边在最后一圈与前一个花片做连接，一共连接5个花片。如图所示，在花片的上端按边缘编织A钩织2行，再在外围按边缘编织B钩织2行。身片与下摆之间做卷针接合。肩部做盖针接合。领口按边缘编织C环形钩织。系带用1根线手指挂线起针后做起伏针和下针编织，结束时做伏针收针。再用卷针缝的方法将系带缝在身片指定位置的反面。

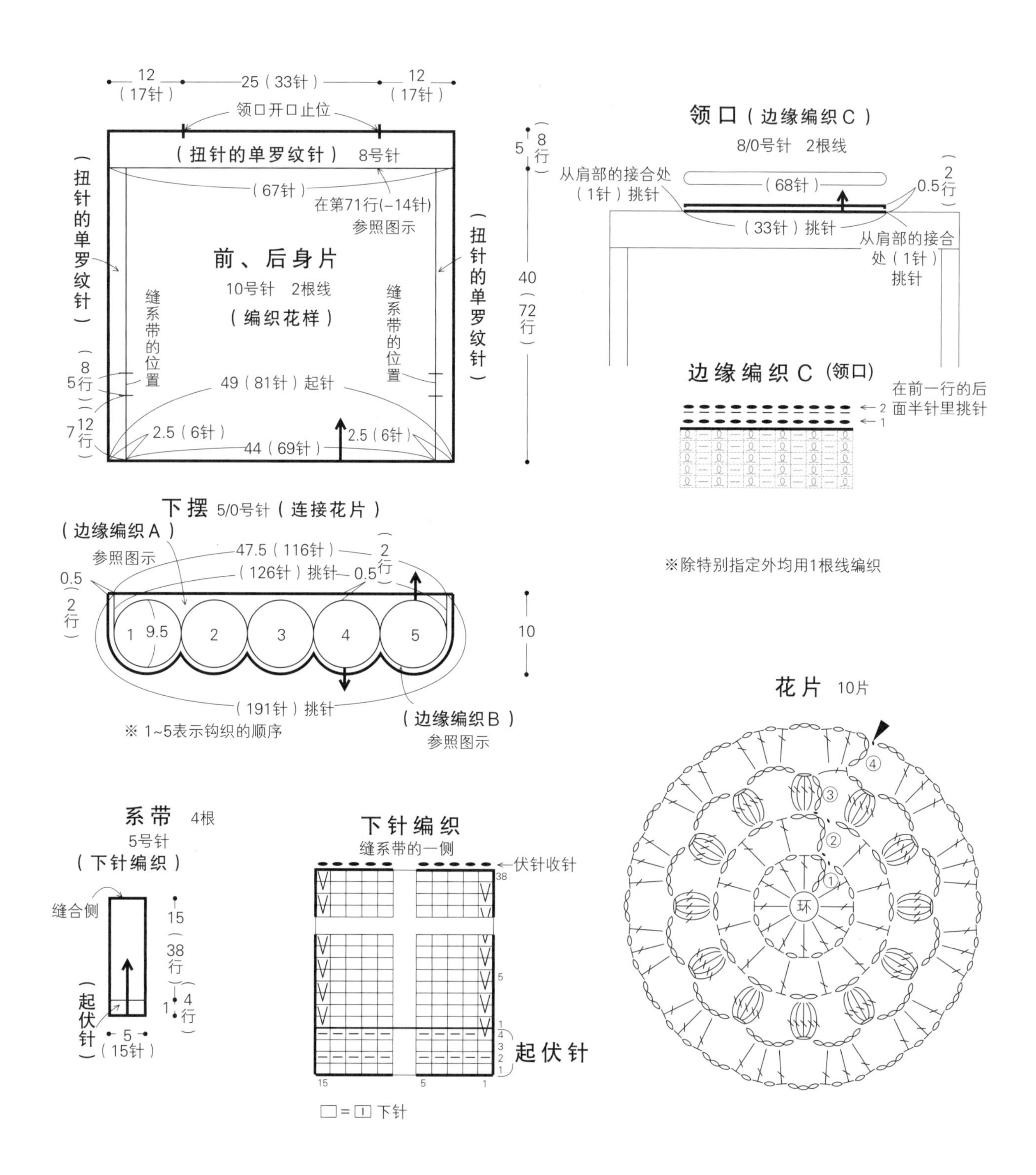

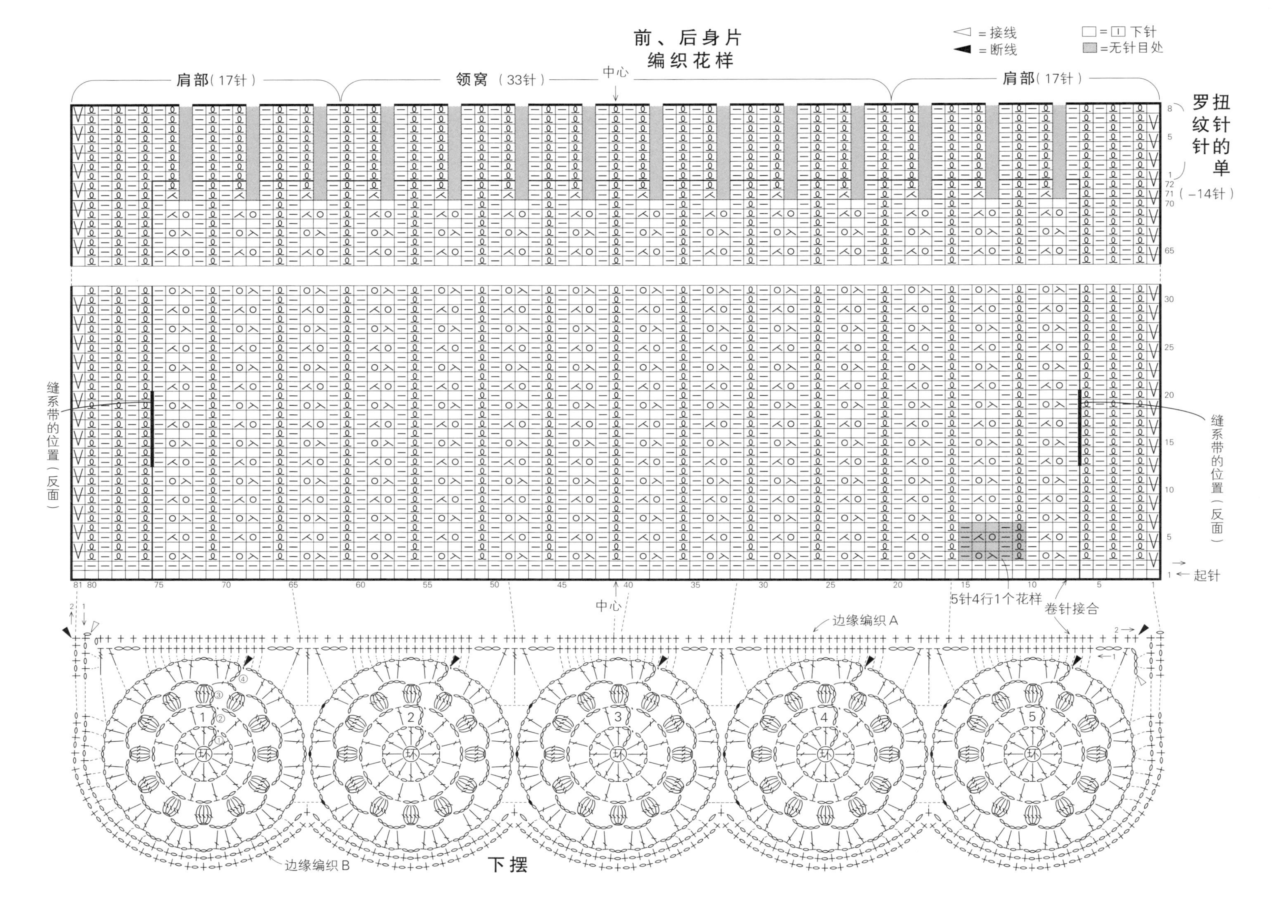

前、后身片
编织花样
◁ = 接线
◀ = 断线
□ = ⊡ 下针
▨ = 无针目处
肩部（17针）
领窝（33针）
中心
肩部（17针）
罗纹针的单扭针
（－14针）
起针
缝系带的位置（反面）
缝系带的位置（反面）
5针4行1个花样
卷针接合
边缘编织A
边缘编织B
环
下摆

09

13页

■材料 Ski Cotton Linen ~夏衣~（中细）原白色（1002）370g/13团

■工具 钩针3/0号

■成品尺寸 胸围122cm，衣长56cm，连肩袖长61cm

■花片A的大小 10cm×10cm

■编织要点 钩织并连接花片A，按指定顺序连续编织左、右前身片，袖子，后身片。连接方法是钩织最后一圈时在相邻花片的锁针里挑针引拔。花片A完成后，在腋下的4个位置钩织三角形花片B。在袖口钩织边缘编织，前、后身片的胁部和袖下钩织短针和锁针接合。接着按下摆、前门襟的顺序钩织边缘编织，注意边缘编织的第1行是看着反面钩织。

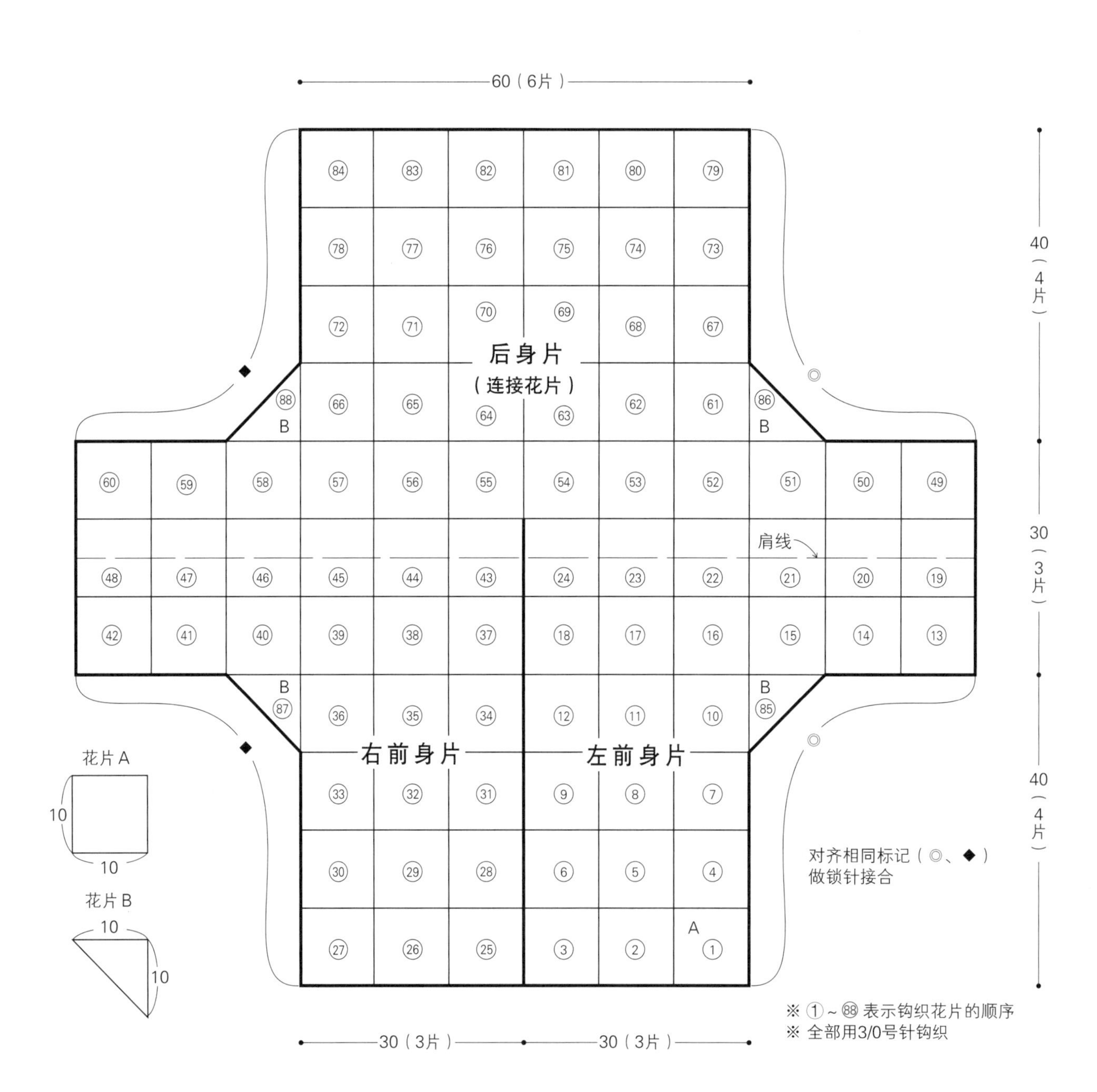

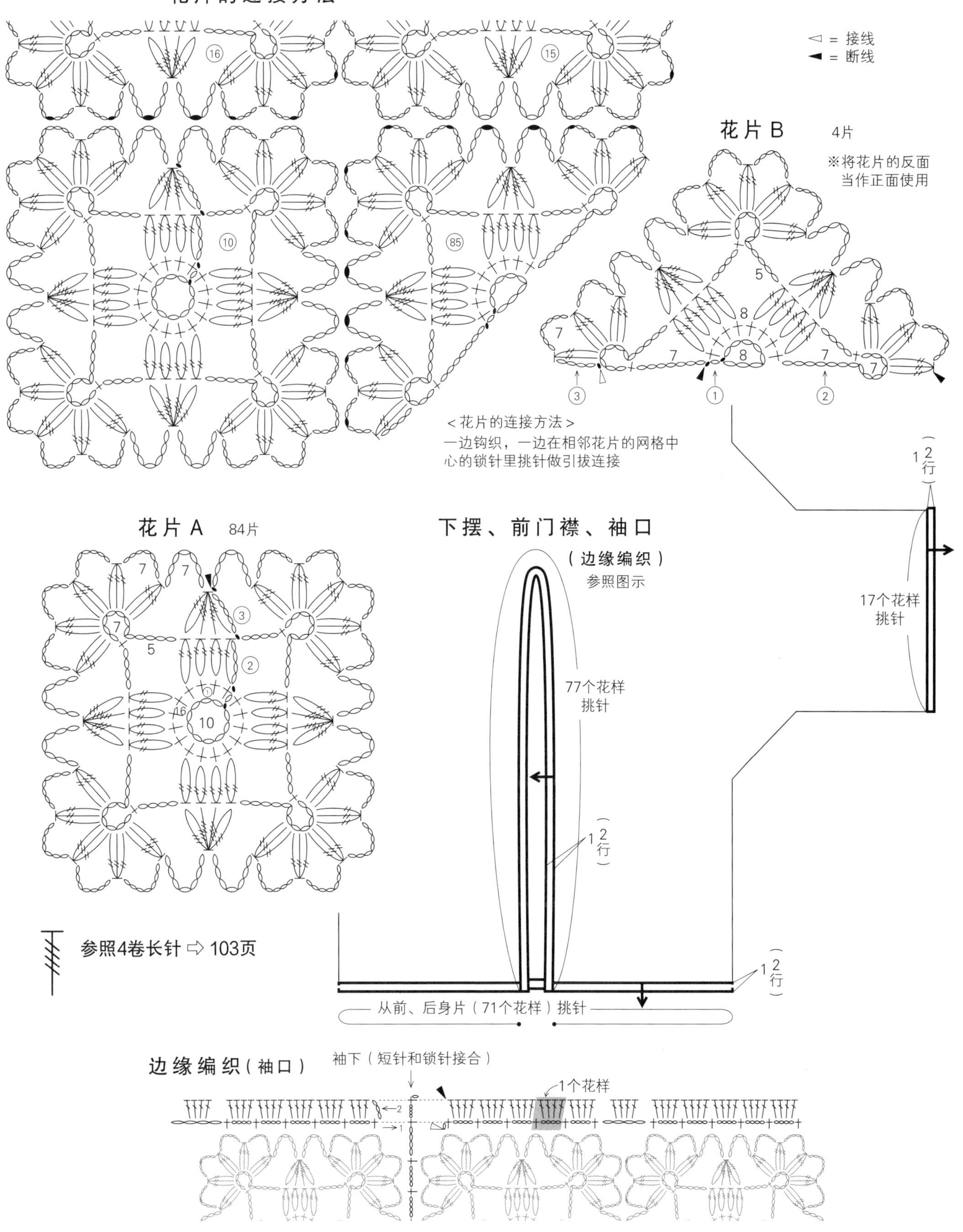

花片的连接方法
⑯
⑮
◁ = 接线
◀ = 断线
花片B 4片
※将花片的反面
当作正面使用
⑩
㊇
5
8
7
7
8
7
7
③
①
②
＜花片的连接方法＞
一边钩织，一边在相邻花片的网格中
心的锁针里挑针做引拔连接
1 2行
花片A 84片
7
7
7
5
③
②
①
16
10
下摆、前门襟、袖口
（边缘编织）
参照图示
17个花样
挑针
77个花样
挑针
1 2行
参照4卷长针 ⇨ 103页
1 2行
从前、后身片（71个花样）挑针
边缘编织（袖口）
袖下（短针和锁针接合）
1个花样
2
1

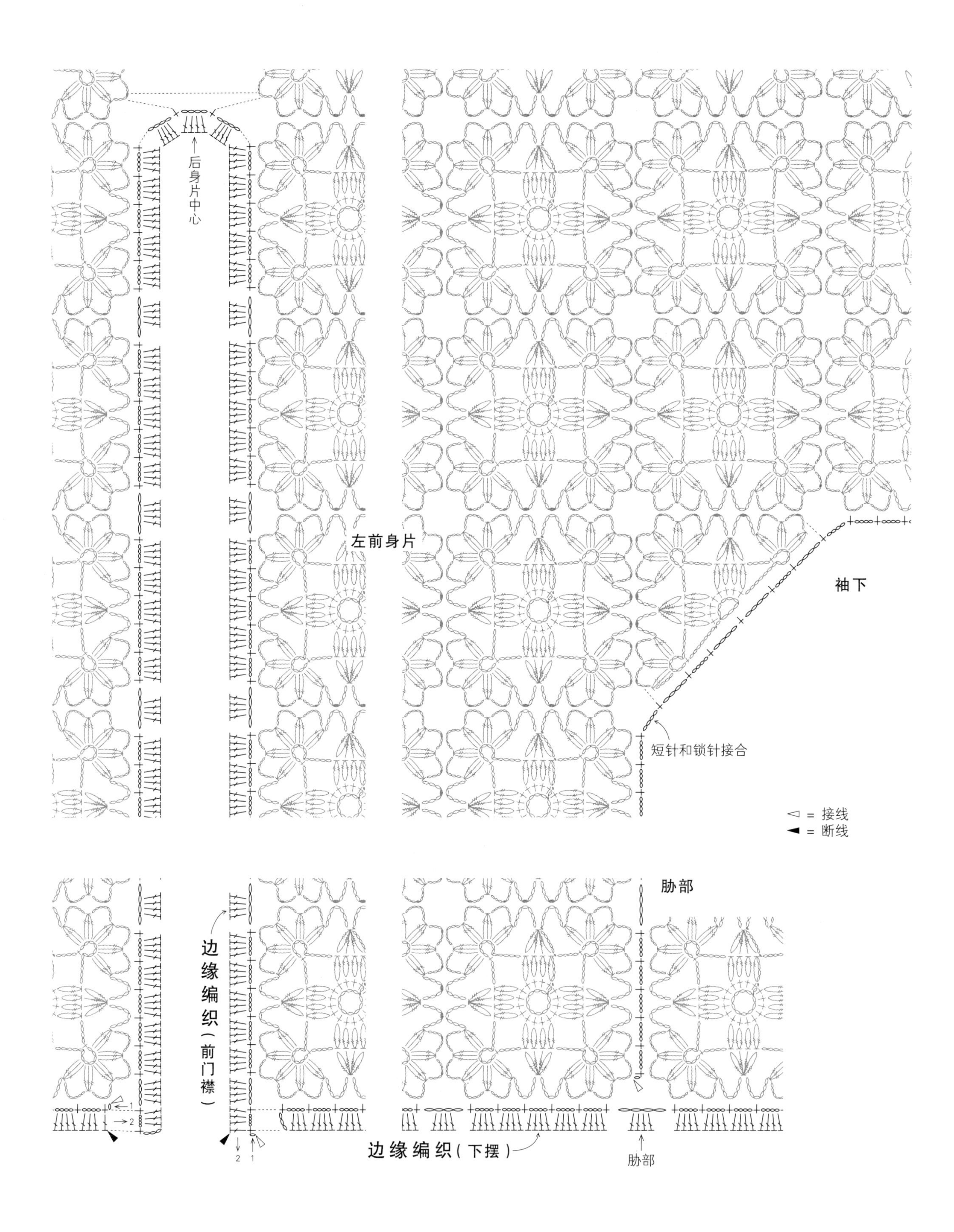
后身片中心
左前身片
袖下
短针和锁针接合
◁ = 接线
◀ = 断线
胁部
边缘编织（前门襟）
边缘编织（下摆）
胁部

05

7页

■材料　Ski Cotton Linen ~夏衣~（中细）紫红色（1057）260g/9团

■工具　钩针3/0号

■成品尺寸　胸围96cm，肩宽35cm，衣长54cm

■编织密度　10cm×10cm面积内：编织花样27.5针，12.5行

■编织要点　钩织锁针起针后，在锁针的半针和里山挑针，按编织花样开始钩织。因为是方眼花样，注意长针的针目长度要尽量保持一致。袖窿、领窝参照图示钩织。前、后身片的肩部钩织引拔针和锁针接合，胁部钩织引拔针和锁针接合。领口和袖窿环形钩织短针，前领窝的2个转角处如图所示减针。下摆环形钩织短针。

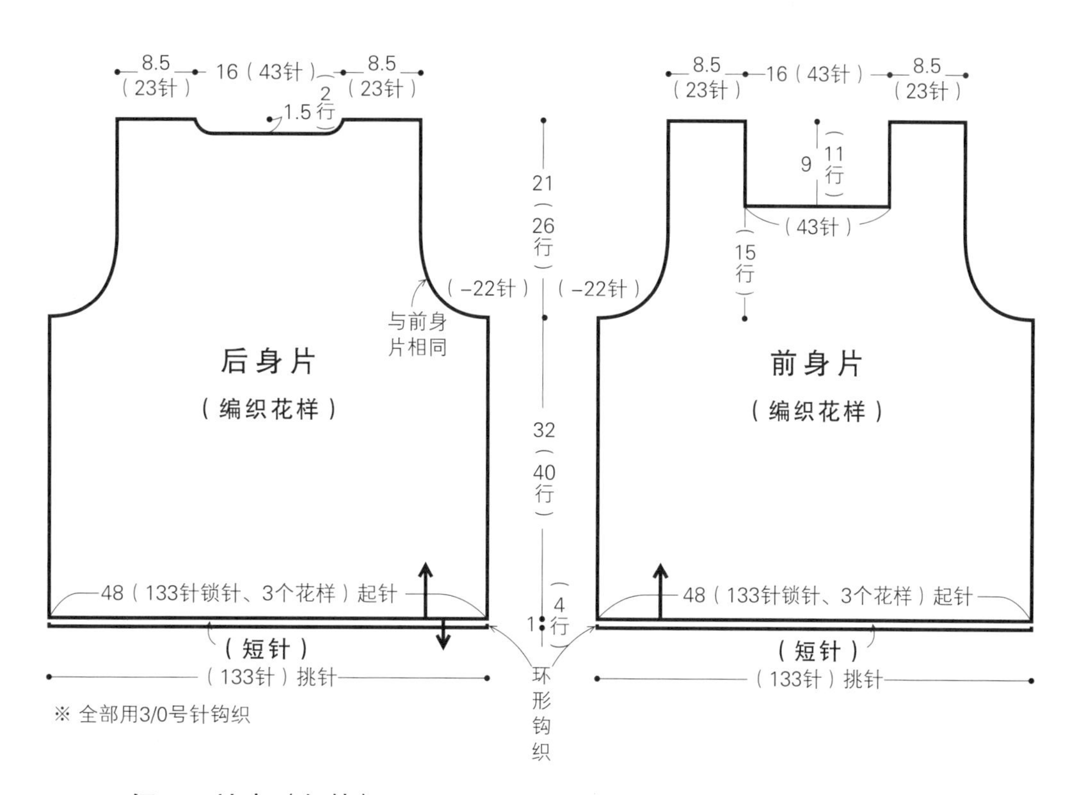

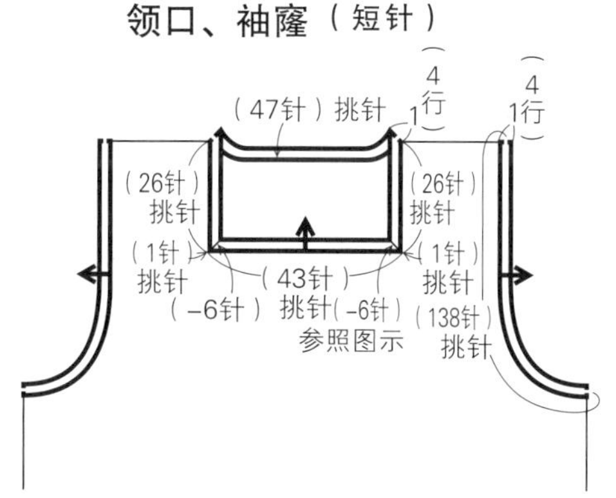

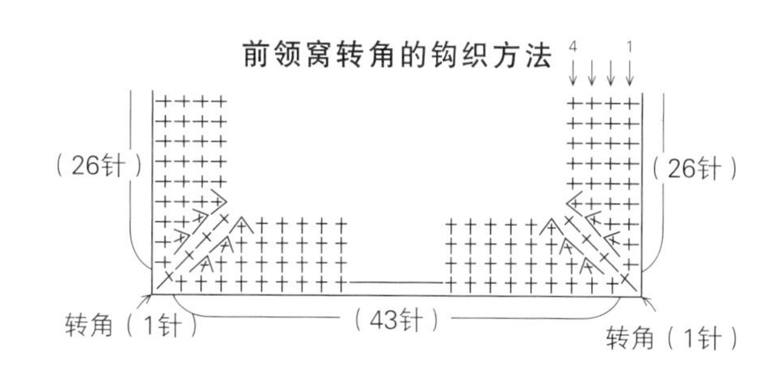

短针

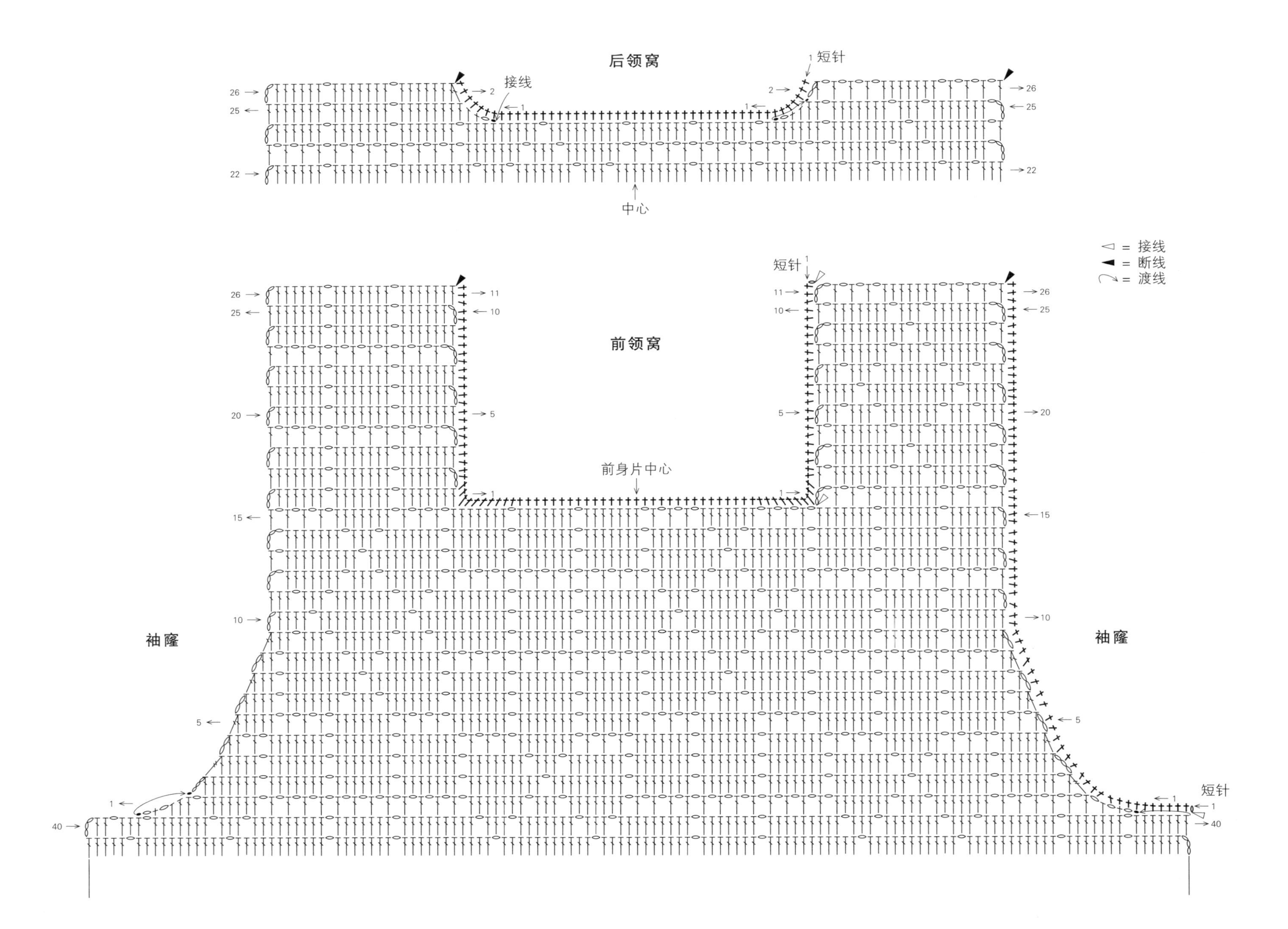

后领窝
接线
短针
中心
前领窝
短针
前身片中心
袖窿
袖窿
短针
= 接线
= 断线
= 渡线

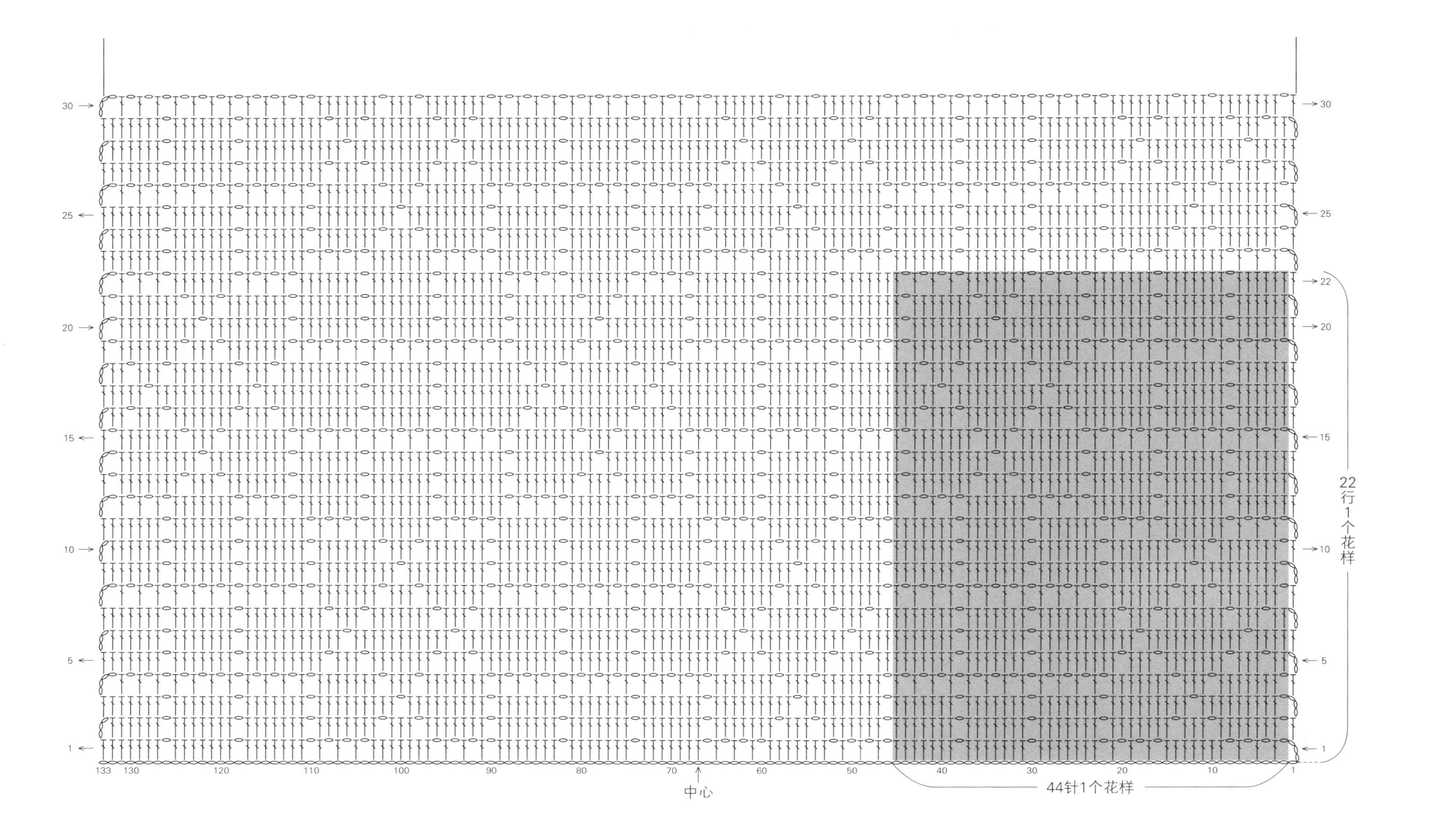
22行1个花样
44针1个花样
中心

10

14页

■材料　Ski Cotorra（粗）紫色+黄色系段染（1814）280g/6团

■工具　钩针5/0号

■成品尺寸　胸围98cm，衣长55cm，连肩袖长26.5cm

■编织密度　编织花样A的1个花样8cm×13.25cm；编织花样B的1个花样3.3cm，10cm22.5行

■编织要点　前、后身片按编织花样A钩织2条相同的饰带。后身片的编织花样A'是将饰带的反面当作正面使用。如图所示分别在饰带的两侧钩织1行整理形状，然后从两侧挑针横向做编织花样B。领窝和斜肩参照图示钩织。肩部钩织引拔针和锁针接合，袖口开口止位以下的胁部钩织引拔针和锁针接合。领口、下摆按边缘编织A环形钩织，注意V领尖如图所示减针。袖口按边缘编织B环形钩织。

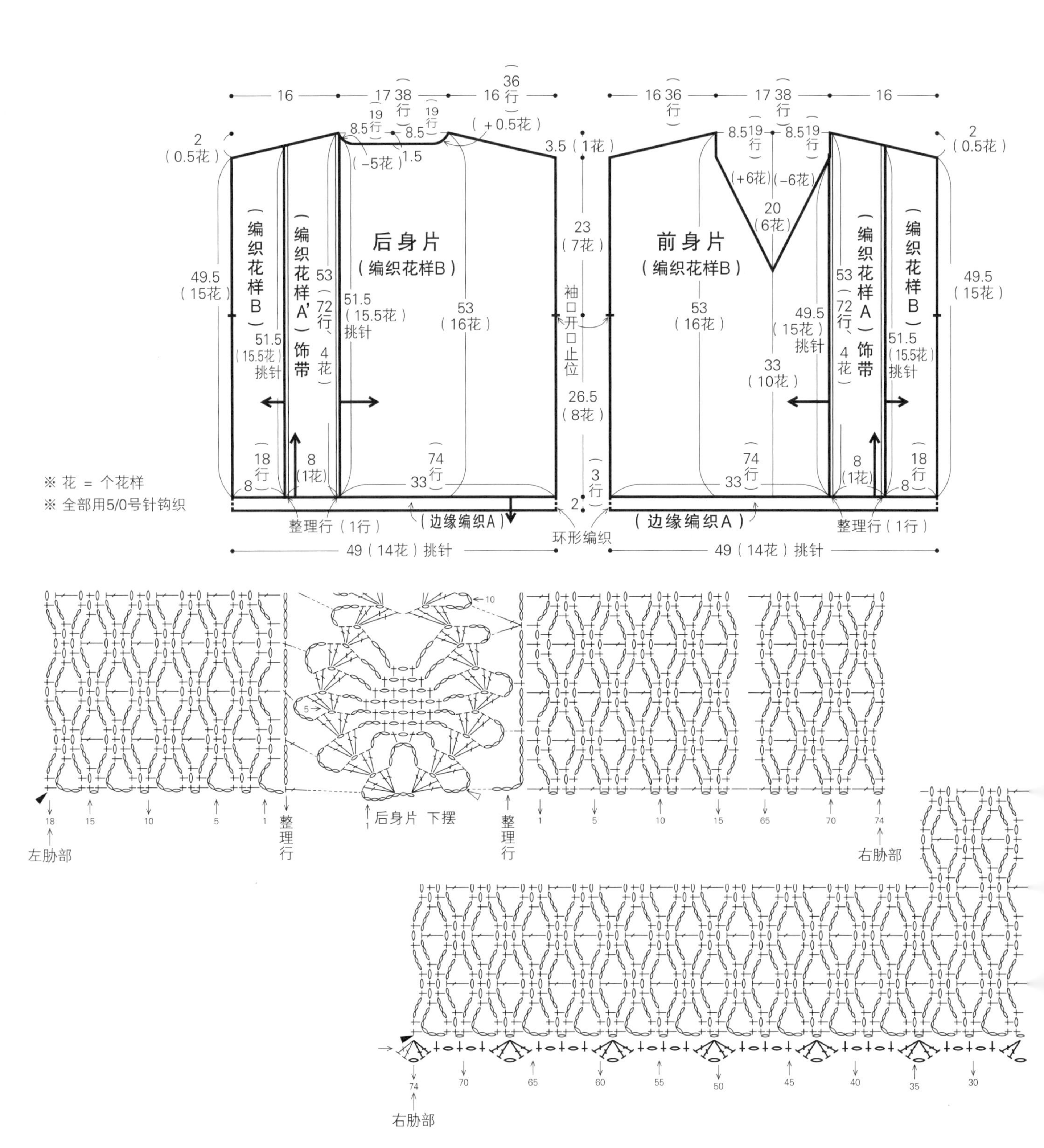

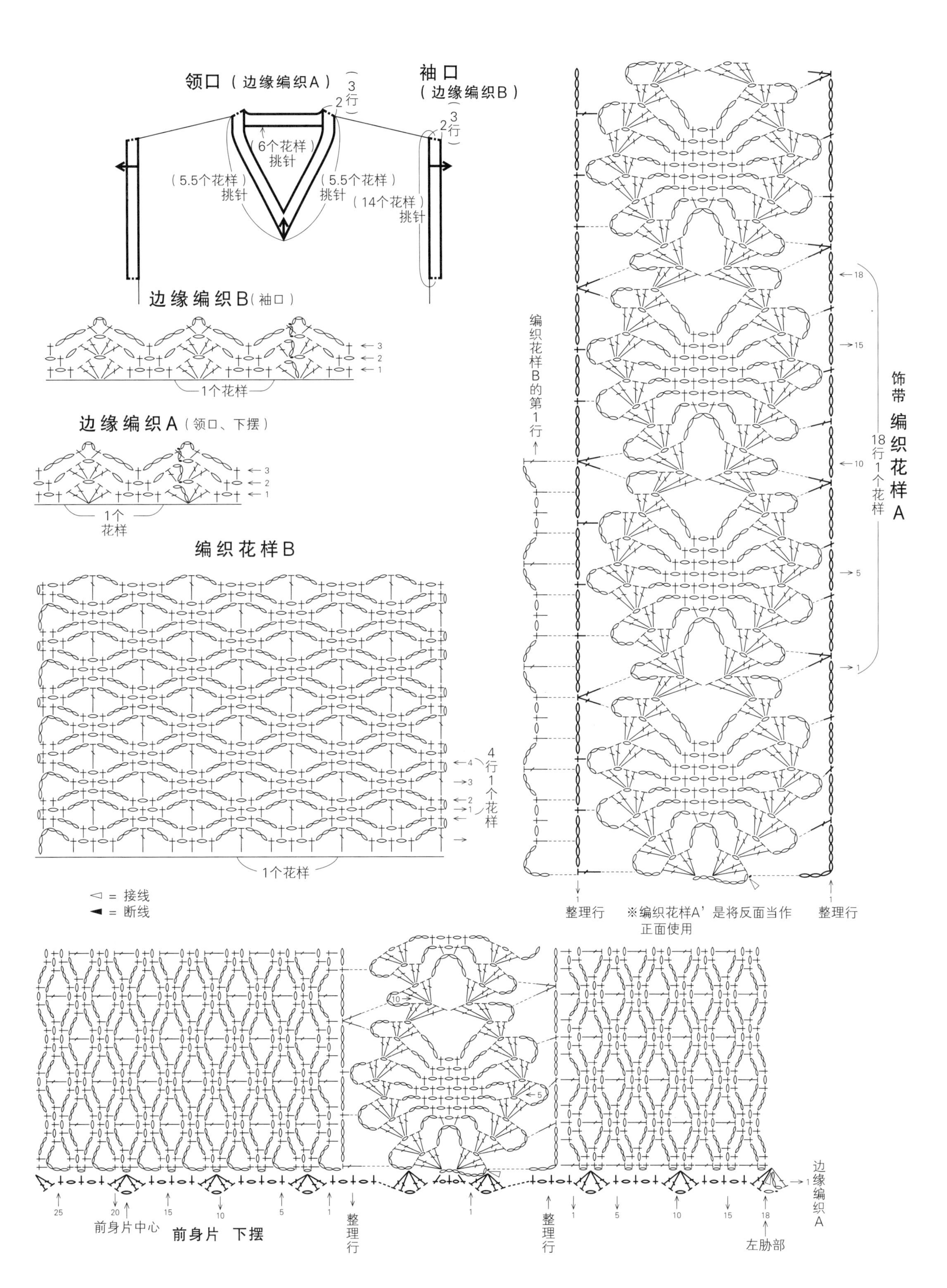

领口（边缘编织A）
3行
2
袖口（边缘编织B）
3行
2
（6个花样）挑针
（5.5个花样）挑针
（5.5个花样）挑针
（14个花样）挑针
边缘编织B（袖口）
1个花样
边缘编织A（领口、下摆）
1个花样
编织花样B
4行1个花样
1个花样
◁ = 接线
◀ = 断线
编织花样B的第1行
整理行
※编织花样A'是将反面当作正面使用
整理行
饰带 编织花样A
18行1个花样
前身片中心
前身片 下摆
整理行
整理行
左胁部
边缘编织A

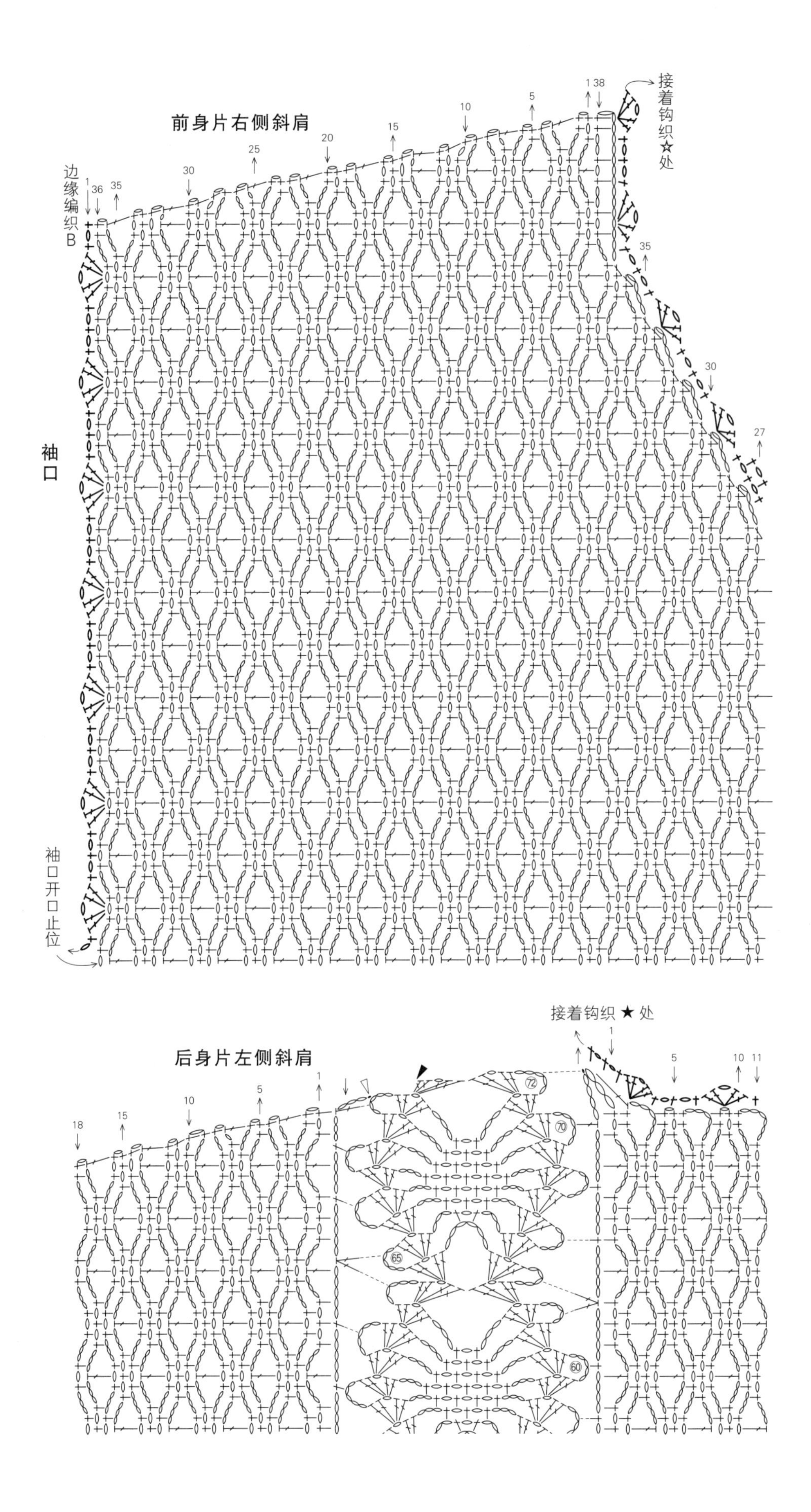
前身片右侧斜肩
接着钩织☆处
边缘编织B
袖口
袖口开口止位
后身片左侧斜肩
接着钩织★处

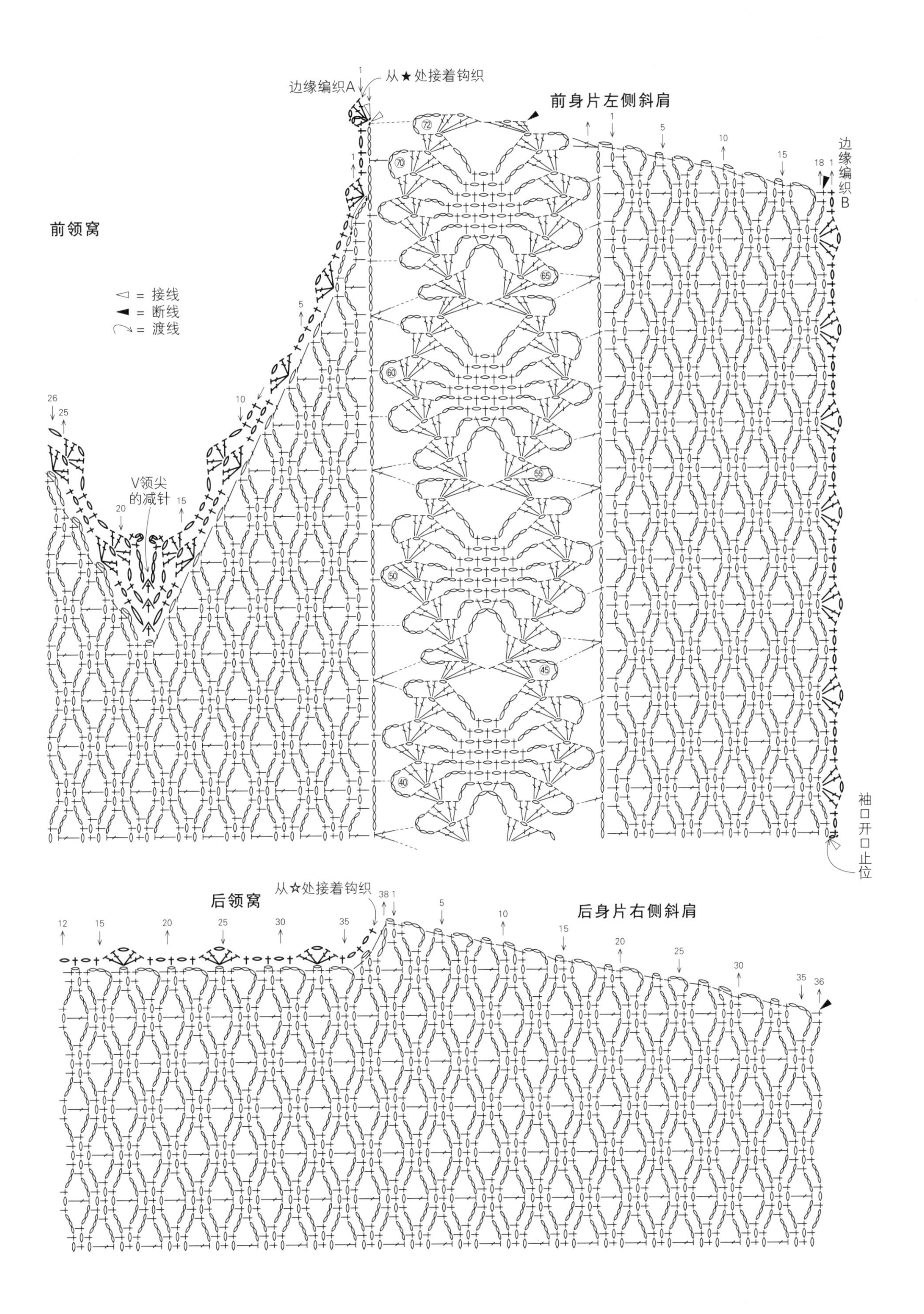

边缘编织A
从★处接着钩织
前身片左侧斜肩
边缘编织B
前领窝
◁ = 接线
◀ = 断线
⤳ = 渡线
V领尖的减针
袖口开口止位
后领窝
从☆处接着钩织
后身片右侧斜肩

■**材料** Ski Harugasumi（中细）粉米色系段染（1319）225g/8团
■**工具** 棒针5号
■**成品尺寸** 胸围96cm，衣长54.5cm，连肩袖长58cm
■**编织密度** 10cm×10cm面积内：编织花样20针，28行

■**编织要点** 身片、袖子手指挂线起针后开始编织双罗纹针，接着按编织花样编织。领窝减2针及以上时做伏针减针，减1针时立起侧边1针减针。袖子的编织终点做伏针收针。肩部做盖针接合。领口编织双罗纹针，结束时做下针织下针、上针织上针的伏针收针。袖子与身片之间做引拔接合，胁部、袖下做挑针缝合。

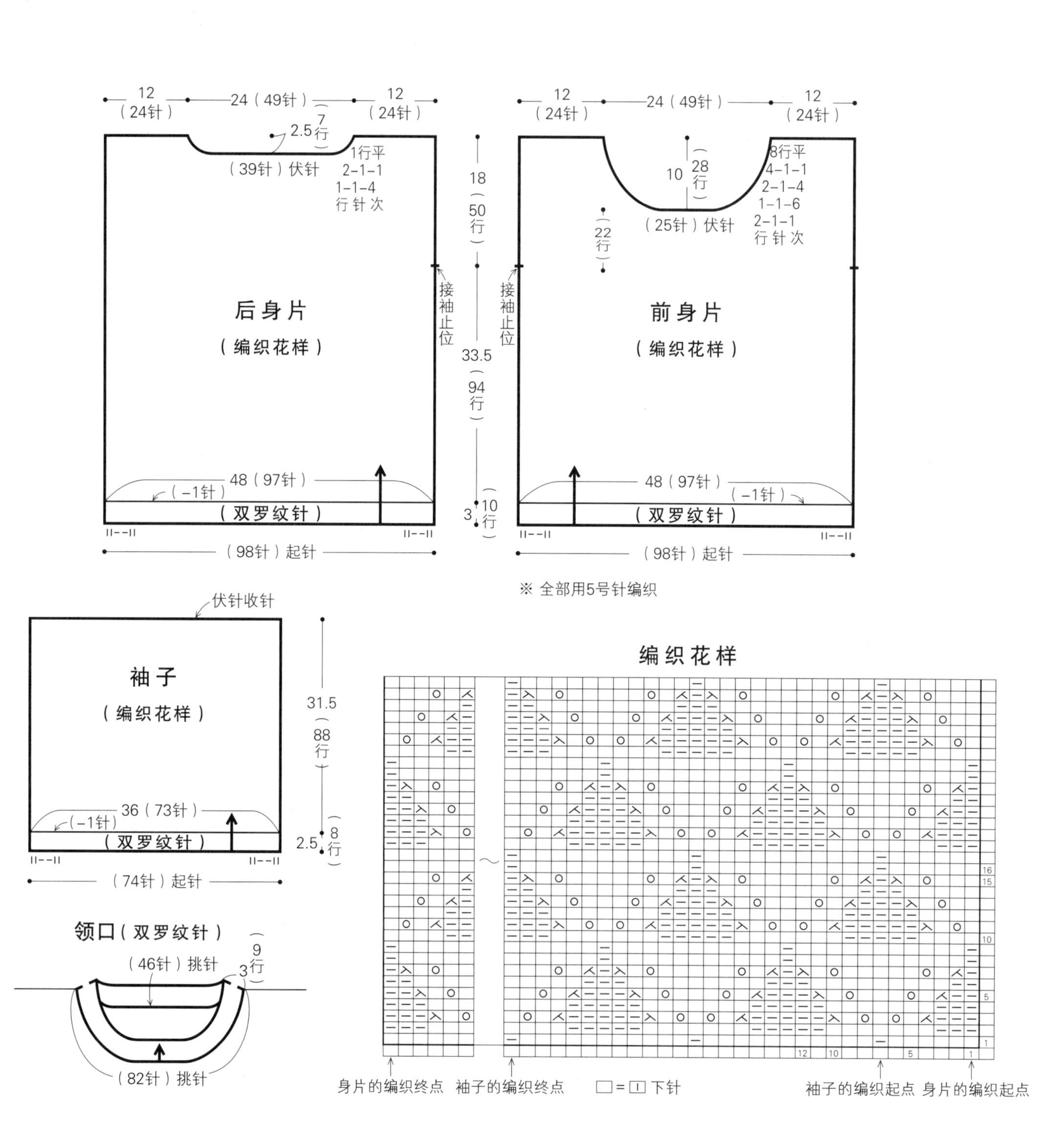

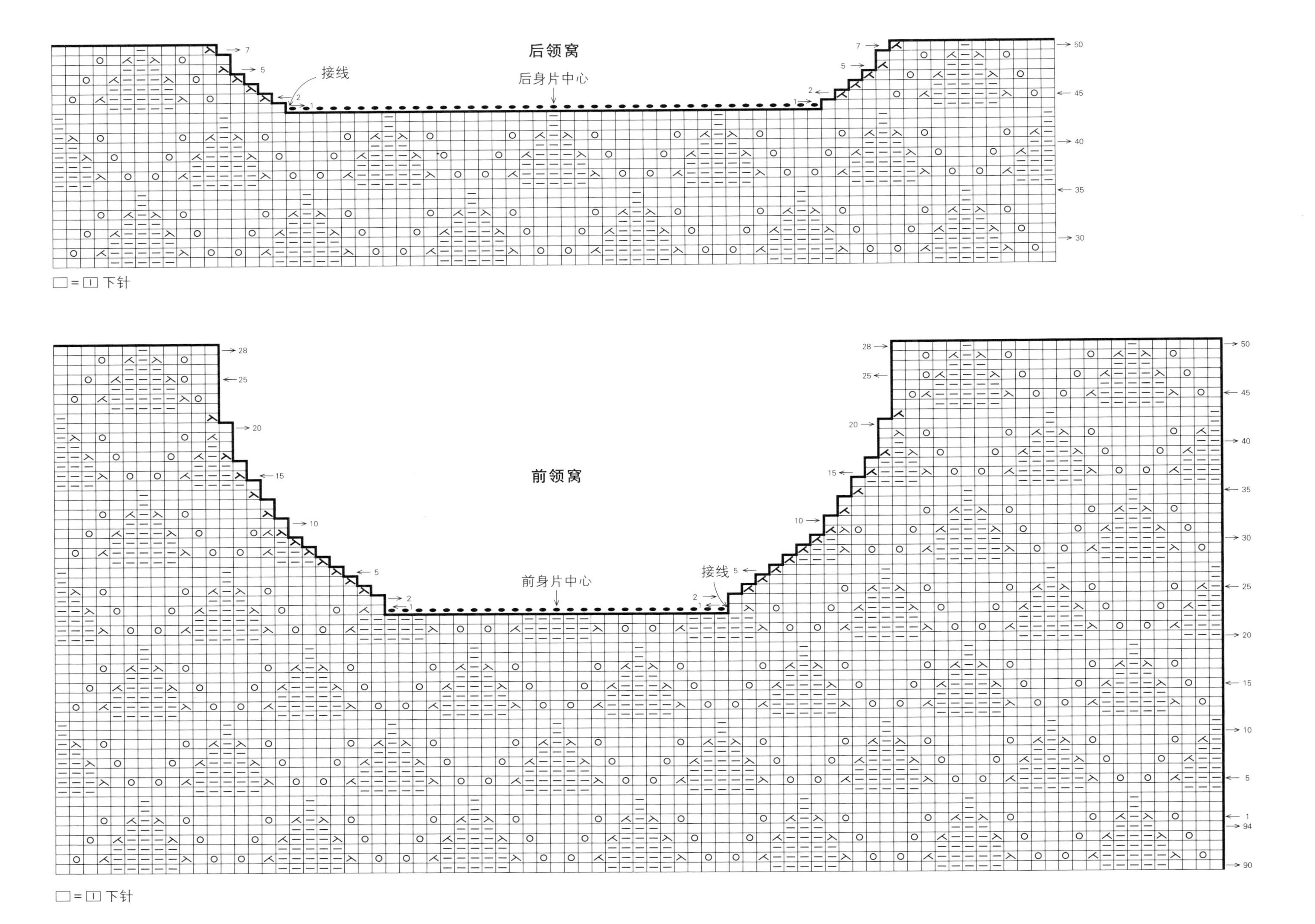
后领窝
接线
后身片中心
□=□ 下针
前领窝
前身片中心
接线
□=□ 下针

14

18页

■**材料** Ski BelleSoie（中细）浅粉色（5105）275g/14团
■**工具** 钩针4/0号
■**成品尺寸** 胸围96cm，衣长54cm
■**花片A的大小** 8cm×8cm
■**编织要点** 钩织并连接花片A、B，连续钩织前、后身片和袖子，注意领口部分要左右分开钩织。在3卷长针或短针的头部做连接时，暂时从针目上取下钩针，从待连接针目里将刚才取下的针目拉出后继续钩织。锁针连接时，整段挑起前面花片的锁针引拔。在前、后身片的领口开口止位和腋下加入五边形花片B。下摆、袖口按边缘编织A环形钩织，领口按边缘编织B环形钩织。

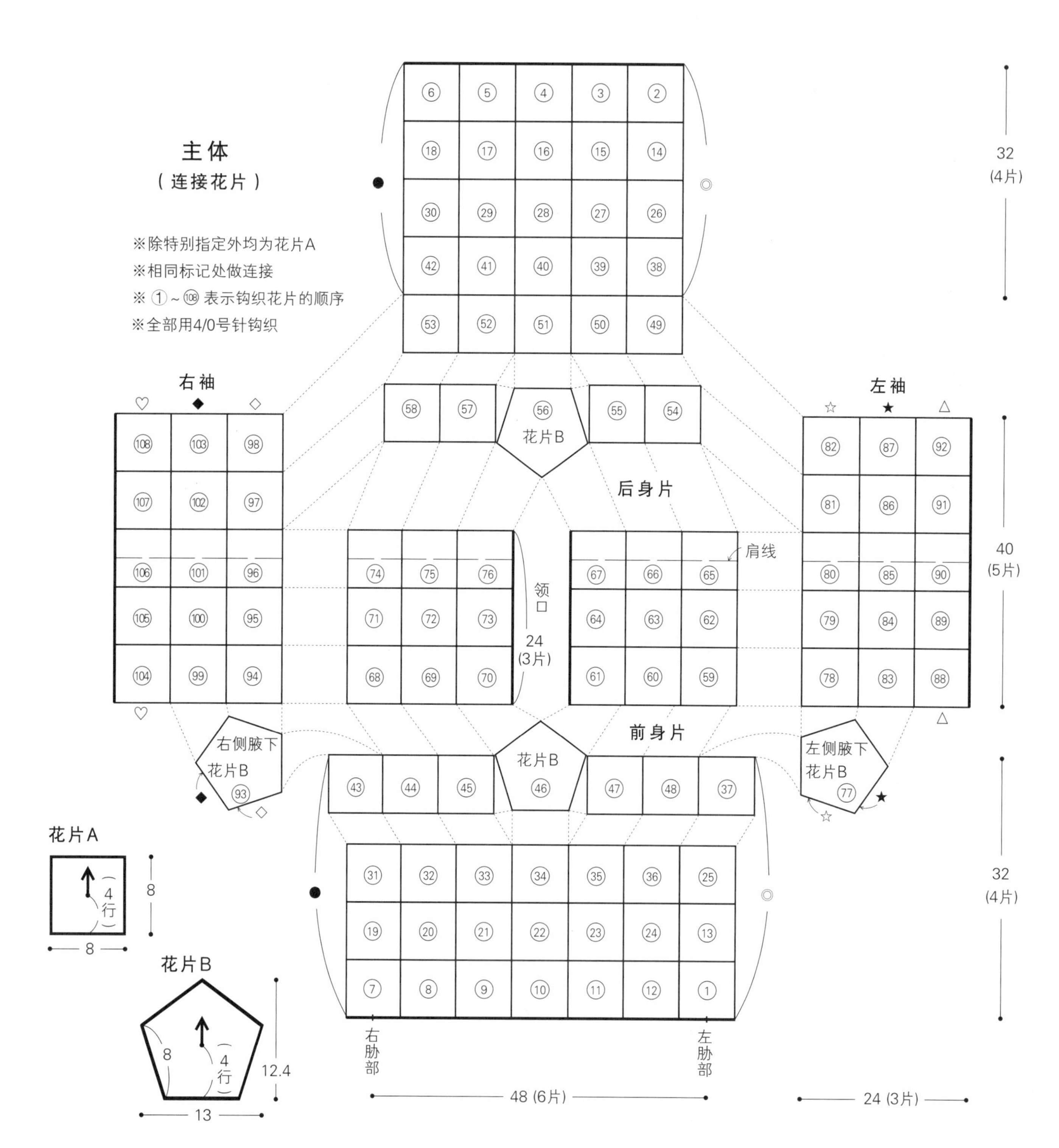

花片A

104片

花片的连接方法

从针目上取下钩针，在待连接针目的头部2根线里插入钩针，将刚才取下的针目拉出，接着钩织3卷长针（或短针）。
锁针连接时，整段挑起前面花片的锁针引拔。
※ 花片B也按相同要领做连接

◄ = 断线

花片第2行的钩织终点

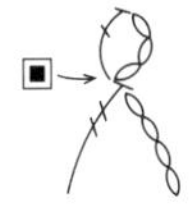

先钩织4针锁针、长长针，
接着钩织3针锁针、长针

▣…按狗牙针的要领挑针

花片B

4片

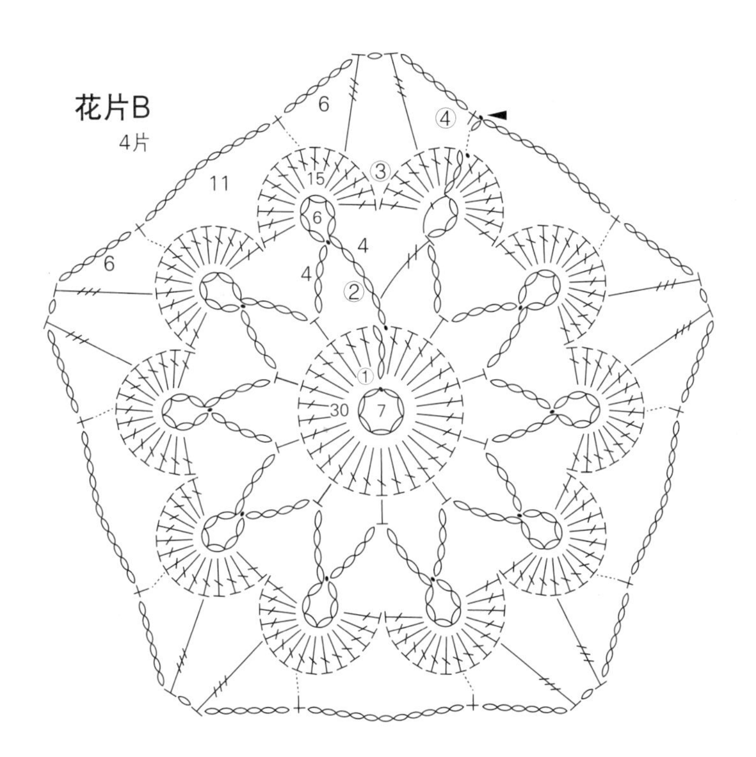

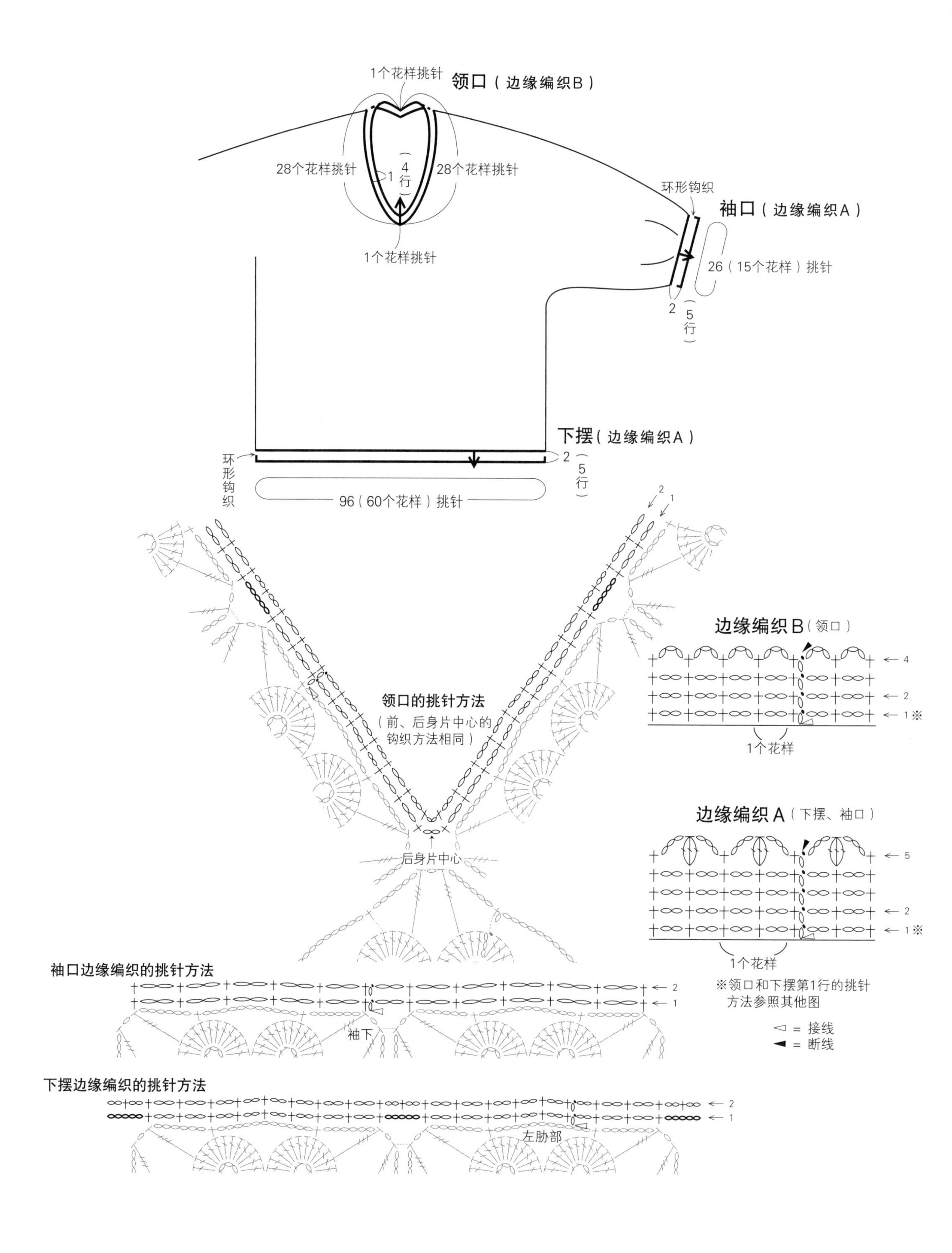
1个花样挑针
领口（边缘编织B）
28个花样挑针
1
4行
28个花样挑针
1个花样挑针
环形钩织
袖口（边缘编织A）
26（15个花样）挑针
2
5行
下摆（边缘编织A）
环形钩织
2
5行
96（60个花样）挑针
领口的挑针方法
（前、后身片中心的钩织方法相同）
后身片中心
边缘编织B（领口）
1个花样
边缘编织A（下摆、袖口）
1个花样
※领口和下摆第1行的挑针方法参照其他图
◁ = 接线
◀ = 断线
袖口边缘编织的挑针方法
袖下
下摆边缘编织的挑针方法
左胁部

06

8页

■材料 Ski Linen Silk（中细）嫩草色（1424）210g/9团

■工具 棒针5号

■成品尺寸 胸围96cm，肩宽38cm，衣长65.5cm

■编织密度 10cm×10cm面积内：编织花样A 20针，32.5行；编织花样B 22.5针，31.5行；编织花样C 22.5针，32行

■编织要点 后身片手指挂线起针后按编织花样A开始编织，接着按编织花样B、编织花样C编织。袖窿、领窝减2针及以上时做伏针减针，减1针时立起侧边1针减针。飘带手指挂线起针后编织单罗纹针，两端编织滑针。前身片的前门襟一起编织单罗纹针，在领窝的起始位置与飘带的针目重叠，按单罗纹针一起编织领口。前领窝的减针是在领口与身片的交界处立起领口侧的针目减针。前身片完成后，做1针卷针加针，接着编织后领，结束时休针处理。肩部做盖针接合，胁部做挑针缝合。后领做盖针接合，再与领窝做针与行的接合。袖窿环形编织起伏针，结束时做伏针收针。

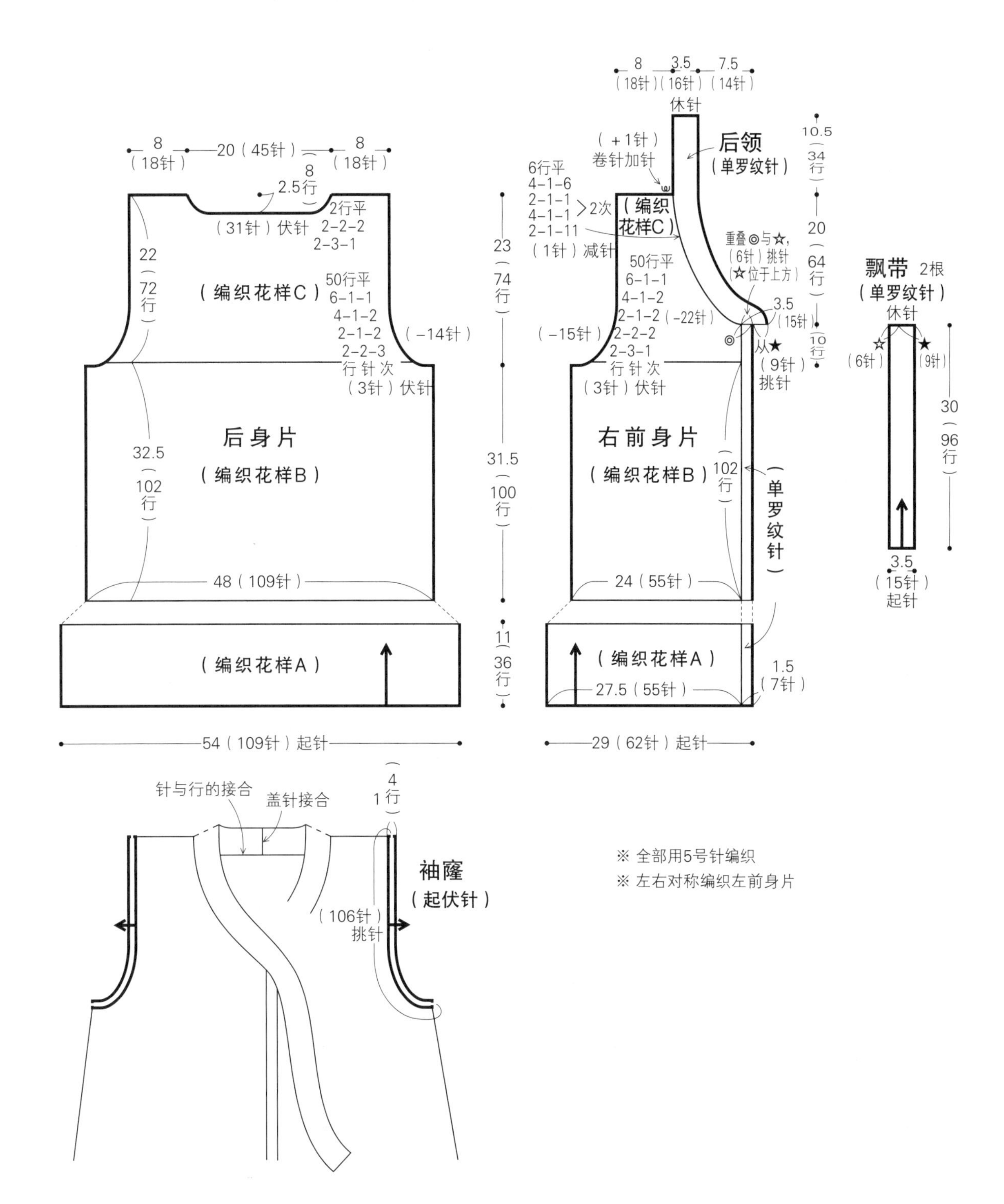

※ 全部用5号针编织

※ 左右对称编织左前身片

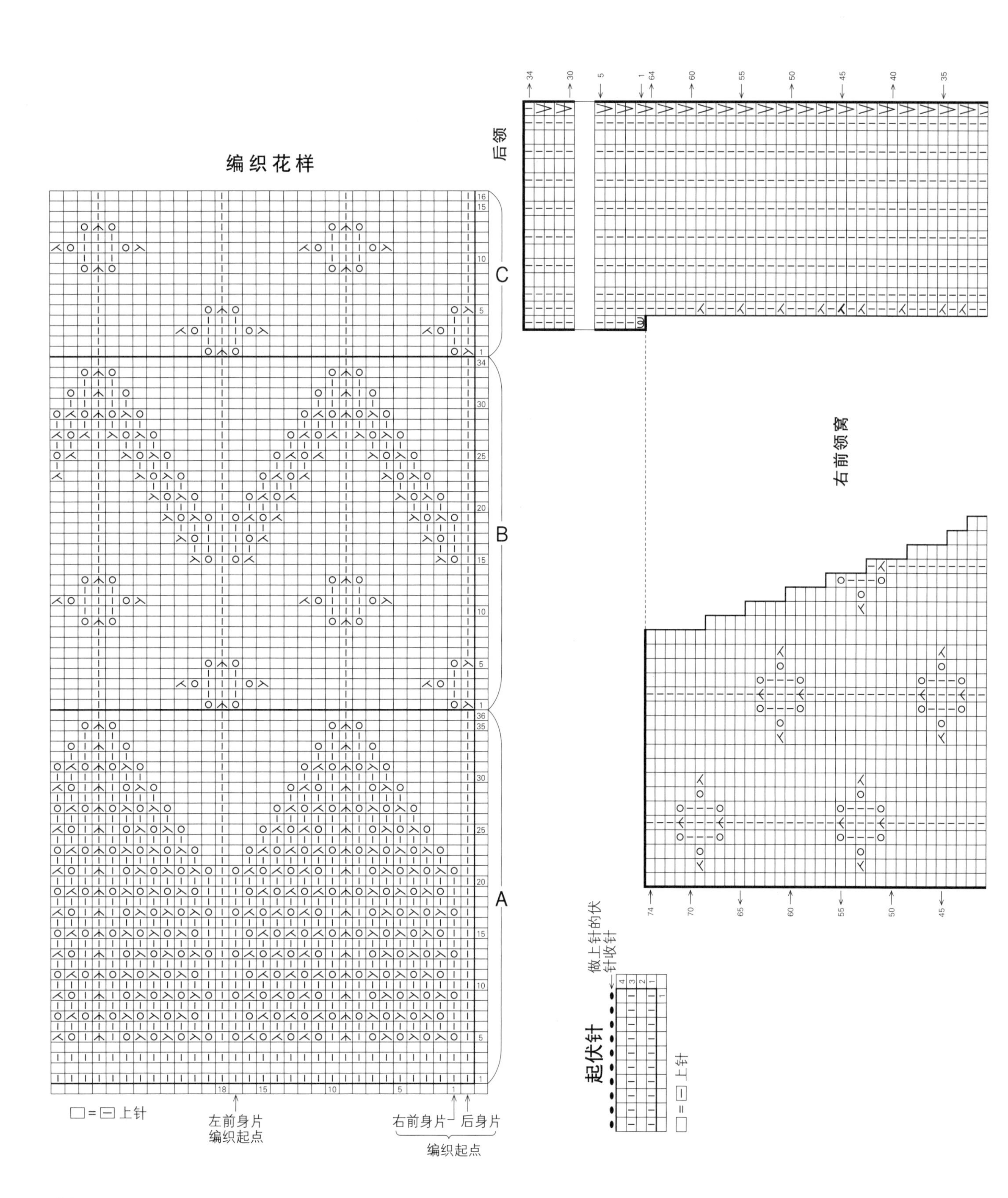
编织花样
C
B
A
□=□ 上针
左前身片
编织起点
右前身片
后身片
编织起点
后领
右前领窝
起伏针
做上针的伏针收针
□=□ 上针

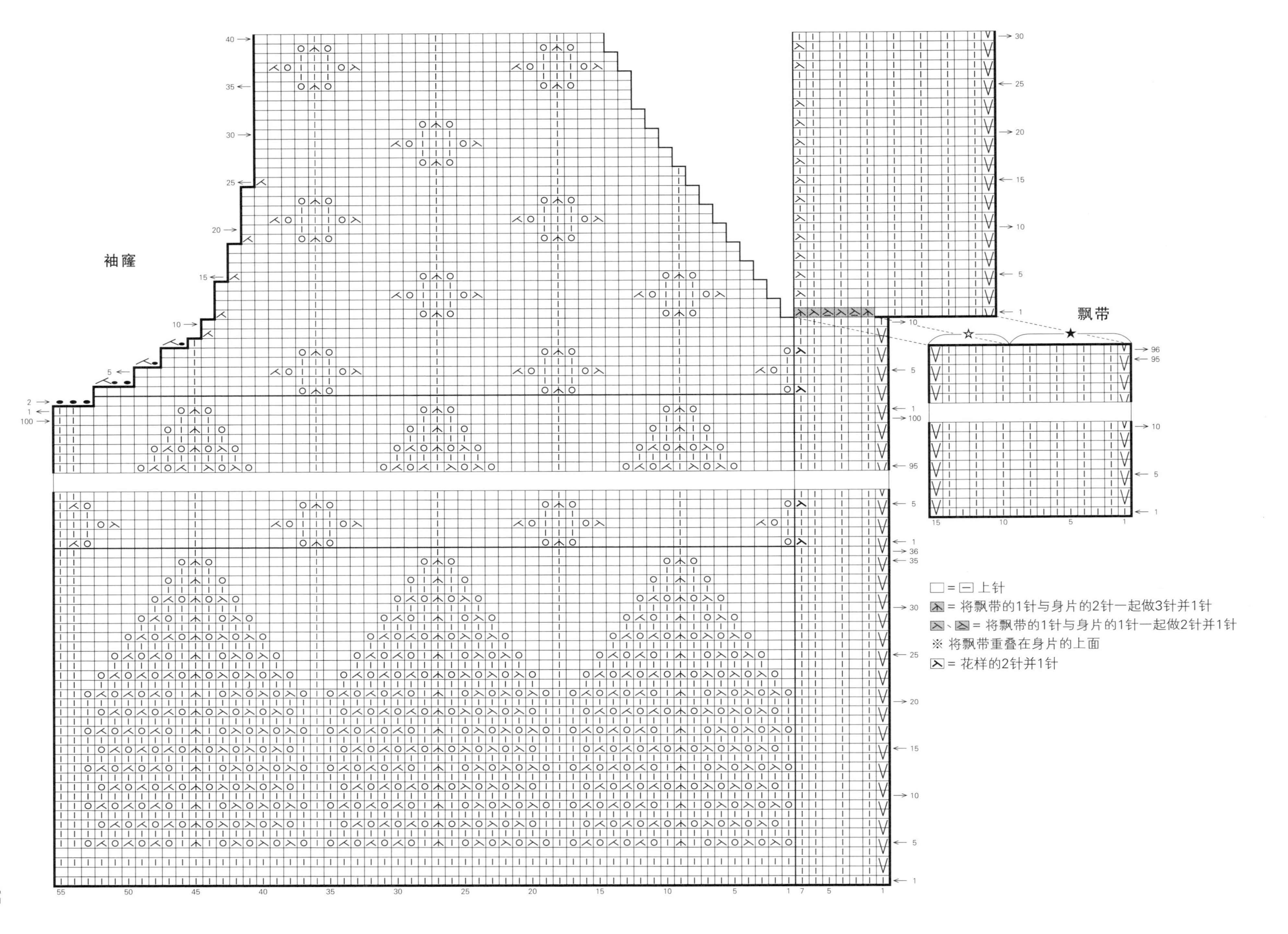
袖窿
飘带
□ = ⊟ 上针
= 将飘带的1针与身片的2针一起做3针并1针
、 = 将飘带的1针与身片的1针一起做2针并1针
※ 将飘带重叠在身片的上面
= 花样的2针并1针

12

16页

■**材料** Ski Harugasumi（中细）翠绿色+粉红色系段染（1315）180g/6团

■**工具** 钩针5/0号

■**成品尺寸** 胸围104cm，衣长46cm，连肩袖长30.5cm

■**编织密度** 编织花样的1个花样6.5cm，10cm7行（身片）

■**编织要点** 从领口往下摆方向钩织。育克锁针起针后，在锁针的半针和里山挑针，一边分散加针一边按编织花样A每行改变方向进行环形钩织。后身片从育克接着往返钩织3行的前后差，然后在腋下钩织12针锁针，从育克上挑针钩织1行前身片，再在腋下钩织12针锁针。前、后身片按编织花样A'环形钩织，下摆接着按边缘编织A钩织。领口从起针行挑针，按边缘编织B环形钩织。袖口的育克部分按边缘编织C钩织，腋下部分钩织短针。

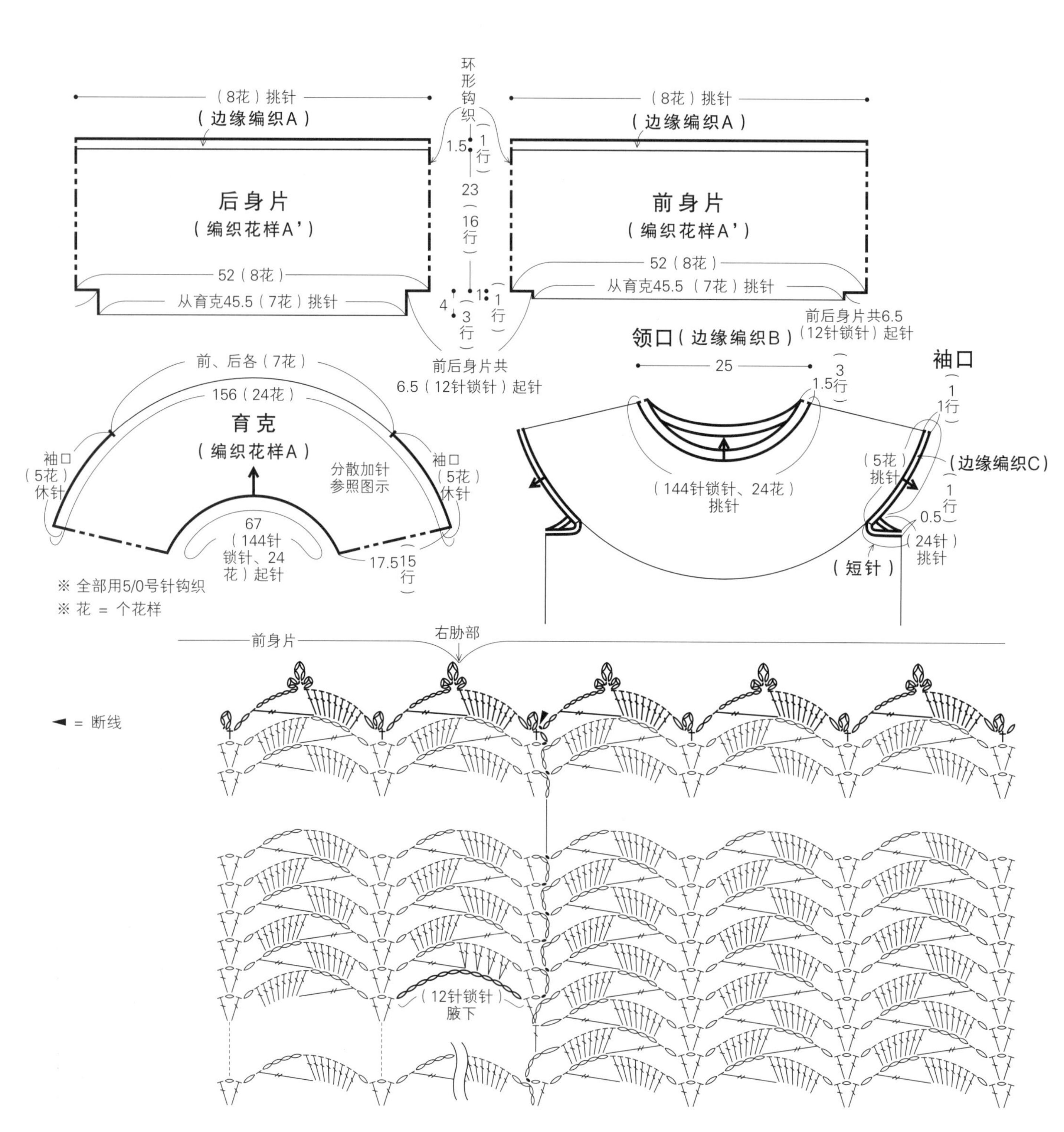

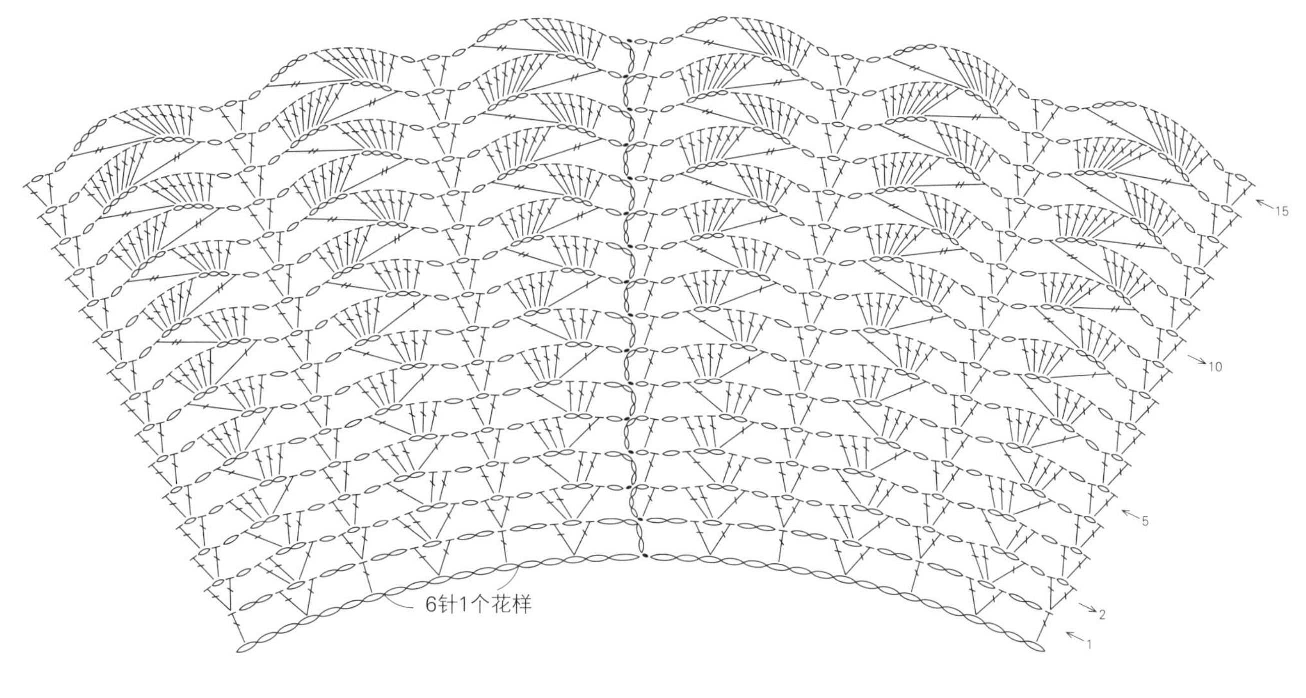

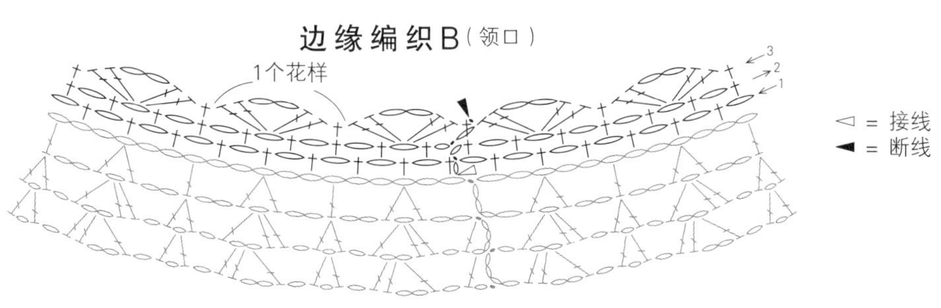

⇨袖口的钩织方法见77页

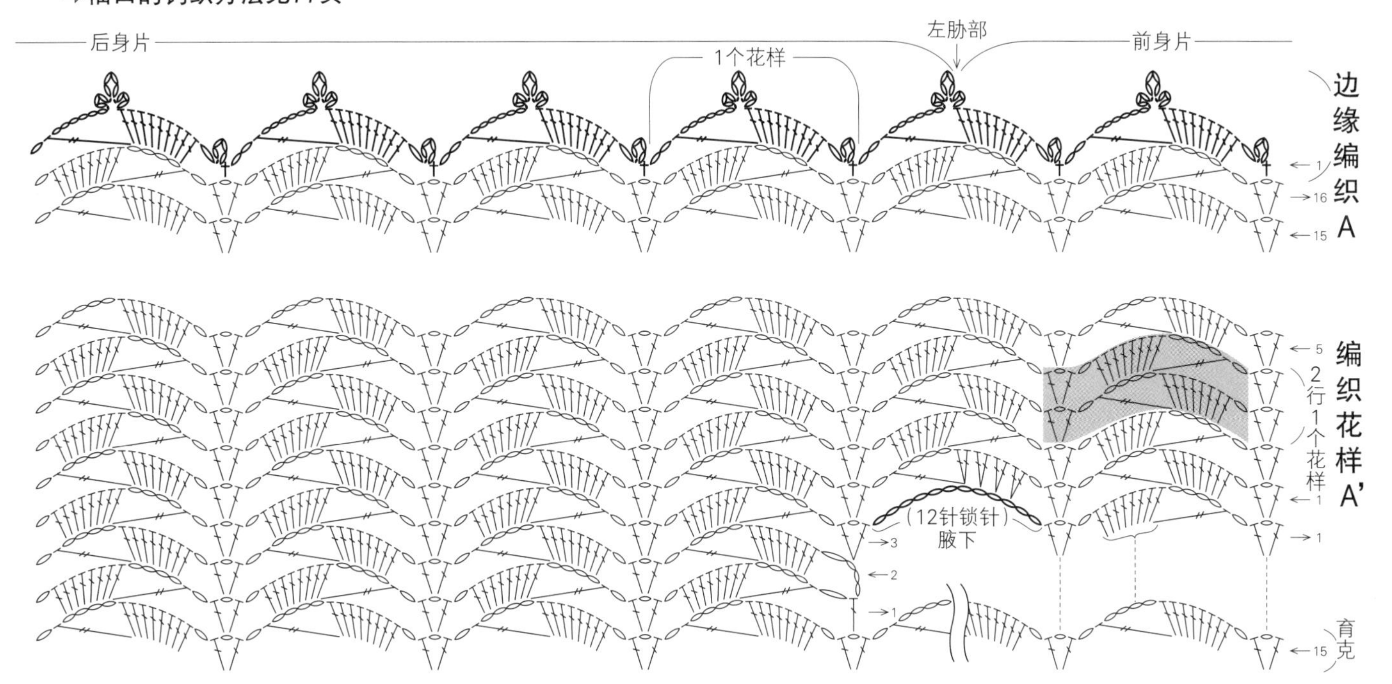

13

17页

■**材料**　Ski Linen Silk（中细）浅灰色（1403）290g/12团

■**工具**　棒针3号

■**成品尺寸**　胸围108cm，衣长51cm，连肩袖长39cm

■**编织密度**　10cm×10cm面积内：编织花样A 27针，35.5行；编织花样B 28针，35.5行

■**编织要点**　身片手指挂线起针后开始编织桂花针，接着按编织花样A编织。前领窝做伏针减针。袖子与身片一样起针后，先编织桂花针，再如图所示一边分散减针一边按编织花样B编织。编织相同的4个袖片，结束时做休针处理。每2个袖片将两端挑针缝合成环形，制作成2个袖子。肩部做盖针接合，胁部做挑针缝合至接袖止位。领口编织桂花针，如图所示在V领尖减针，结束时做上针的伏针收针。袖子将编织终点侧与身片做引拔接合。

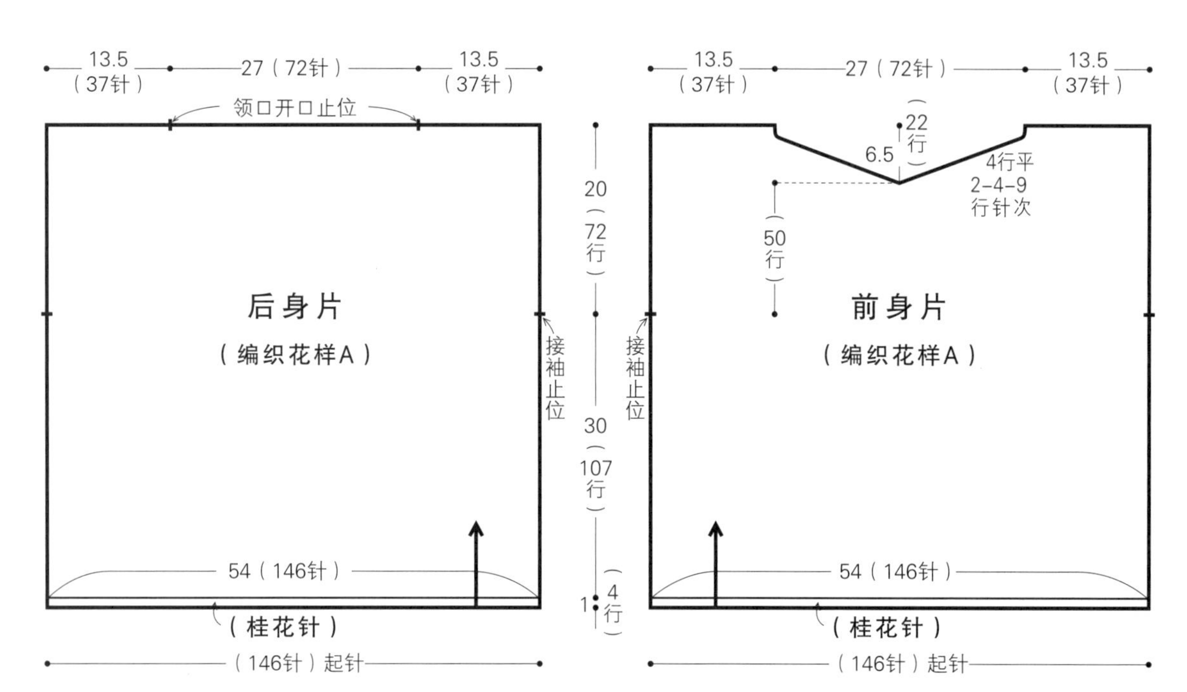

※ 全部用3号针编织

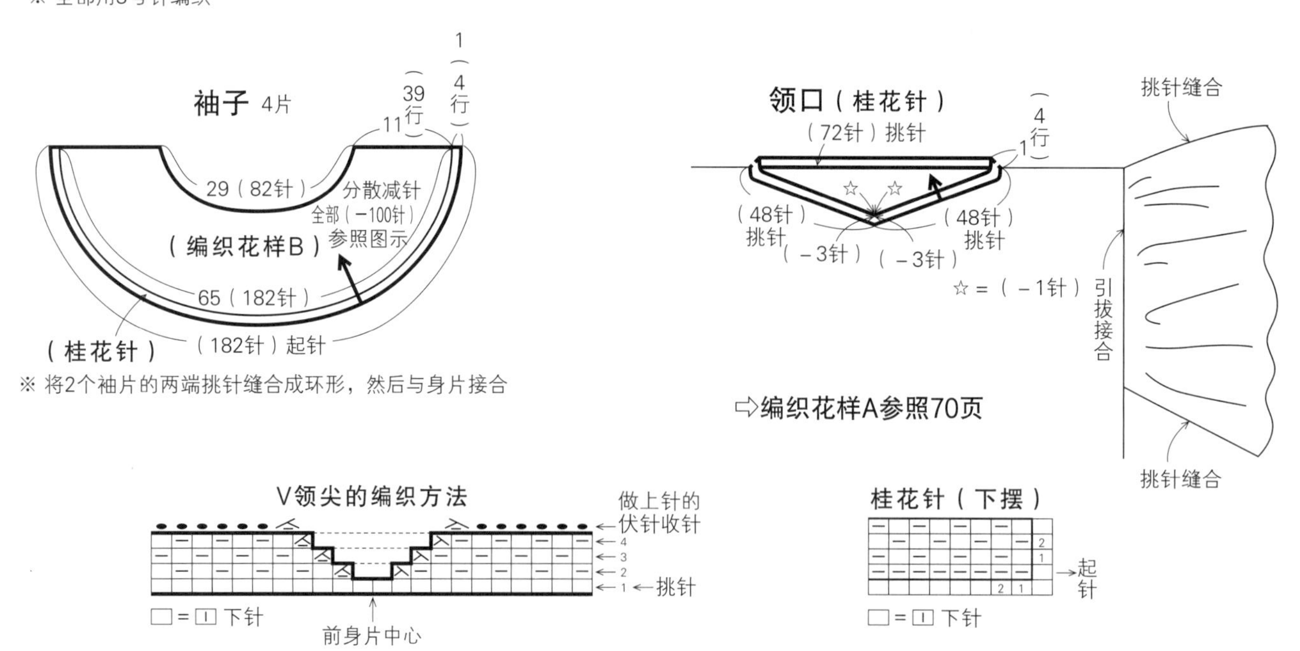

※ 将2个袖片的两端挑针缝合成环形，然后与身片接合

⇨编织花样A参照70页

编织花样B

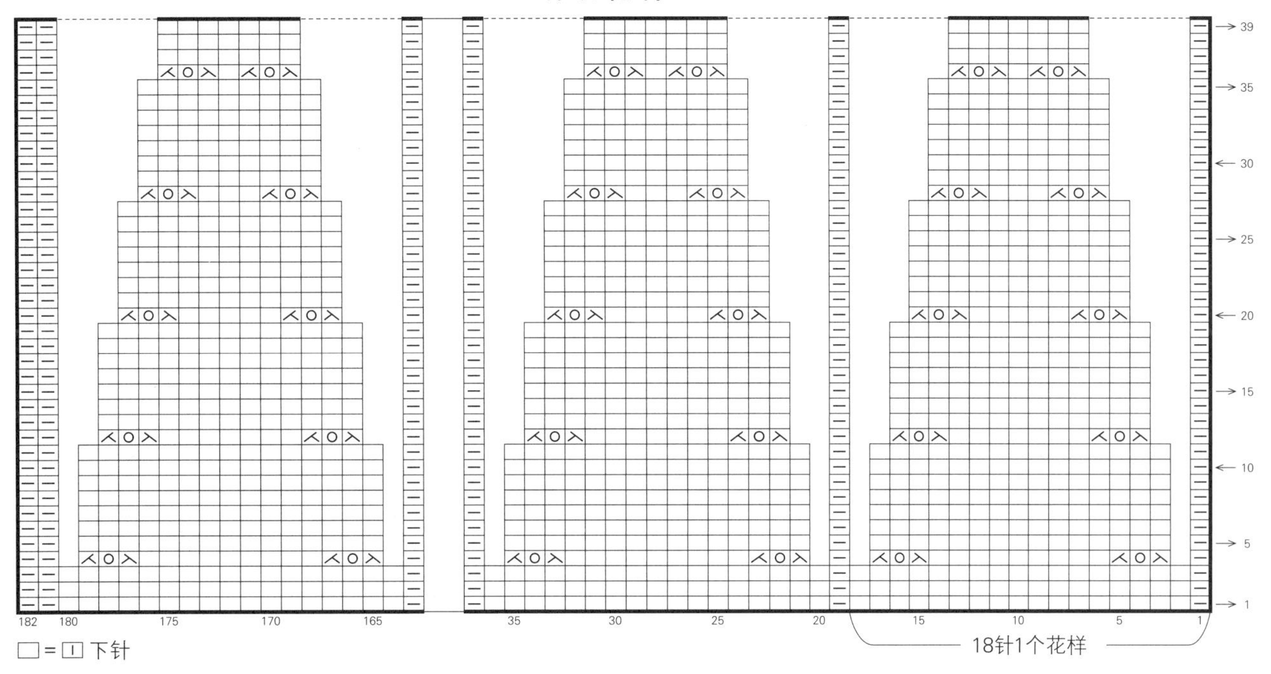

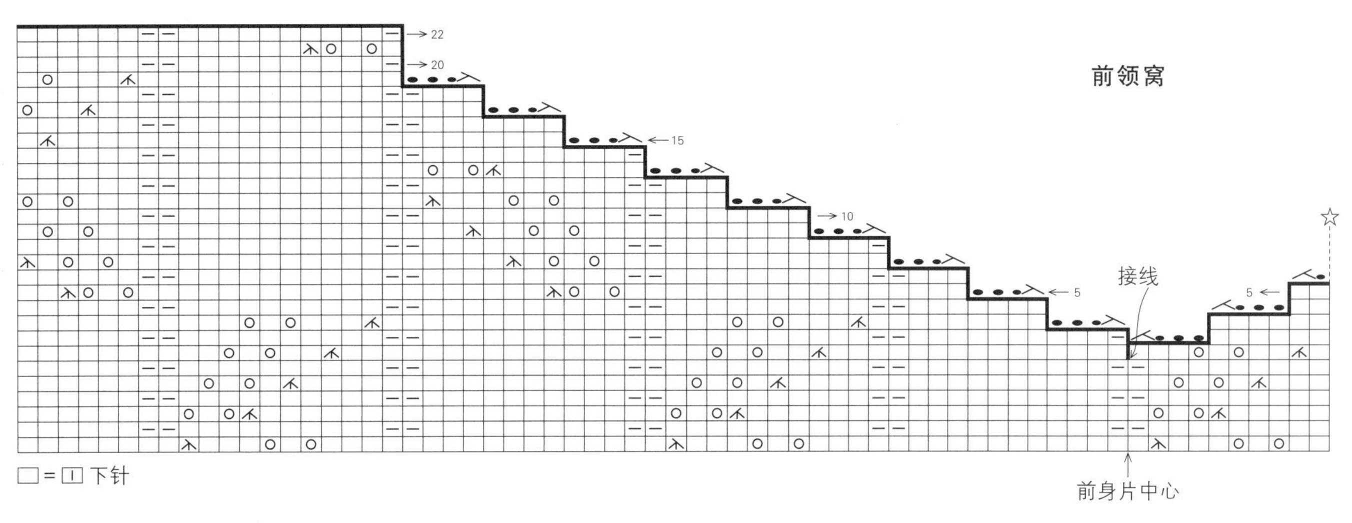

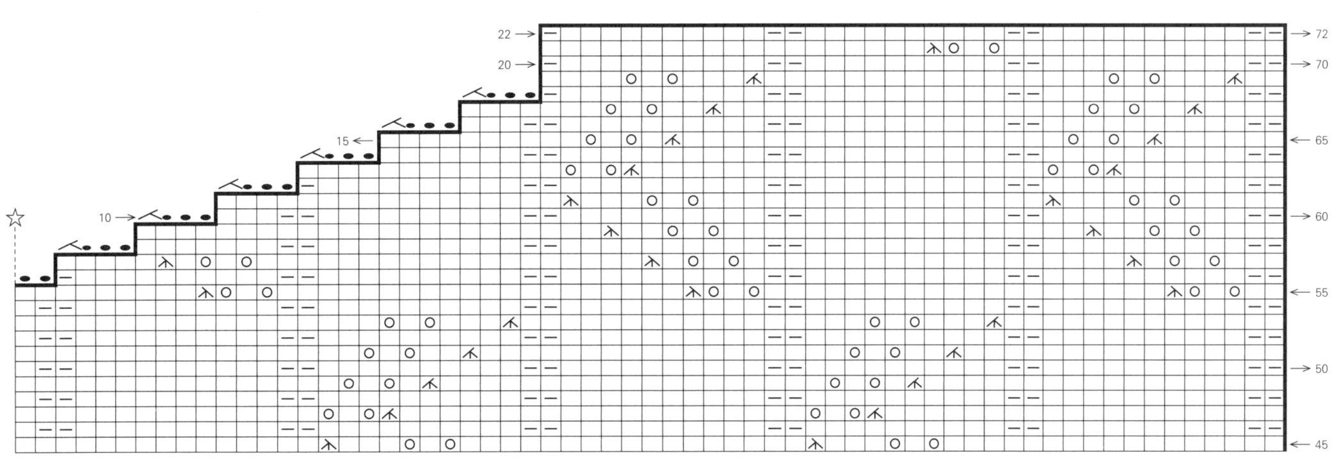

16

20页

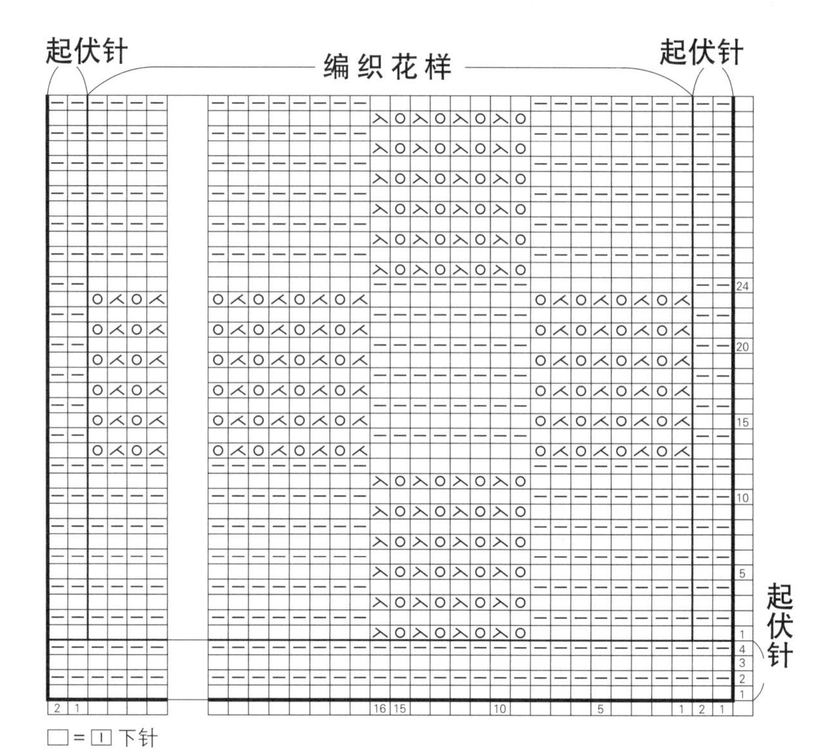

□=□ 下针

■材料 Ski Quartz（粗）经典粉红色（1732）90g/3团

■工具 棒针6号

■成品尺寸 宽18cm，长131cm

■编织密度 10cm×10cm面积内：编织花样23.5针，36行

■编织要点 松松地手指挂线起针后开始编织起伏针，接着两端的2针编织起伏针，中间部分按编织花样编织。最后编织起伏针，结束时松松地做伏针收针。

接68页 作品13

编织花样A

□=□ 下针

编织起点

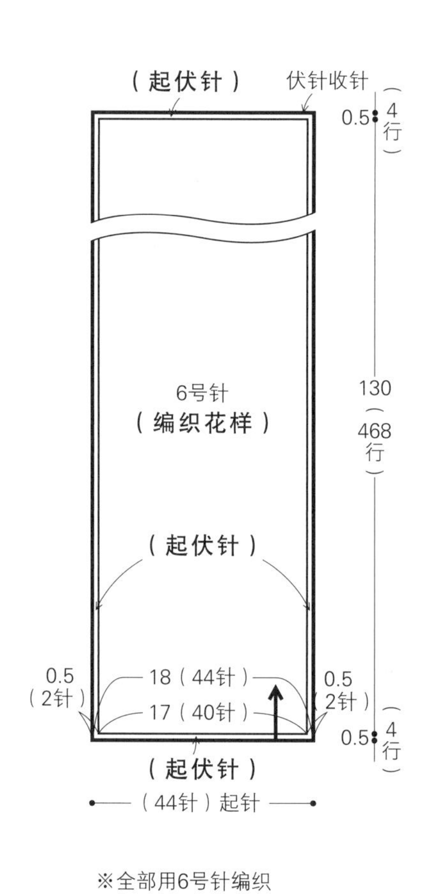

※全部用6号针编织

17、18

21页

■**材料** Ski BelleSoie（中细）17：原白色（5102）100g/5团，18：蓝灰色（5106）40g/2团

■**工具** 钩针3/0号

■**成品尺寸** 17：宽20cm，长162.5cm（含流苏）；18：宽15cm，长107.5cm（含流苏）

■**编织密度** 编织花样的1个花样5cm，10cm11行

■**编织要点** 钩织锁针起针后，在锁针的半针和里山挑针按编织花样钩织。17 钩织4个花样，18 钩织3个花样。编织花样结束后，接着分别按边缘编织A和边缘编织B钩织一圈。17分别在两端的5处系上流苏，18 分别在两端的4处系上流苏。

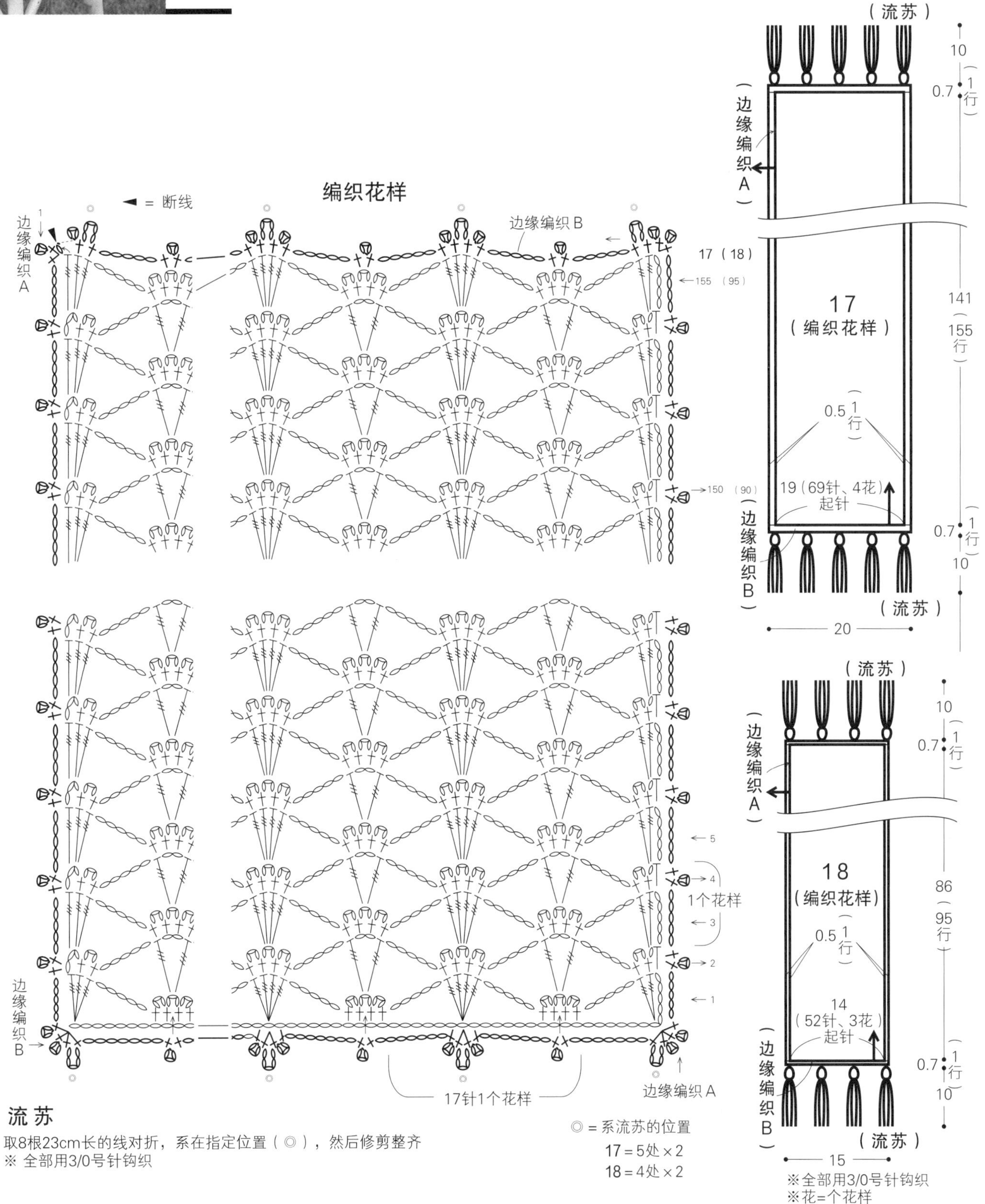

流苏

取8根23cm长的线对折，系在指定位置（◎），然后修剪整齐

※ 全部用3/0号针钩织

19

23页

■材料 Ski Quartz（粗）雾灰色（1733）225g/8团

■工具 棒针3号、2号

■成品尺寸 胸围116cm，衣长55cm，连肩袖长61cm

■编织密度 10cm×10cm面积内：编织花样21.5针，33.5行

■编织要点 身片手指挂线起针后开始编织起伏针，接着换成编织花样继续编织。胁部、袖窿在侧边2针的内侧做扭针加针。领窝减2针及以上时做伏针减针，减1针时立起侧边1针减针。斜肩做留针的引返编织。前、后身片的肩部做引拔接合，袖子从身片挑针后按编织花样编织，袖下是在侧边1针的内侧减针，袖口编织起伏针后做伏针收针。领口环形编织起伏针，V领尖如图所示立起中心的针目减针。胁部、袖下做挑针缝合。

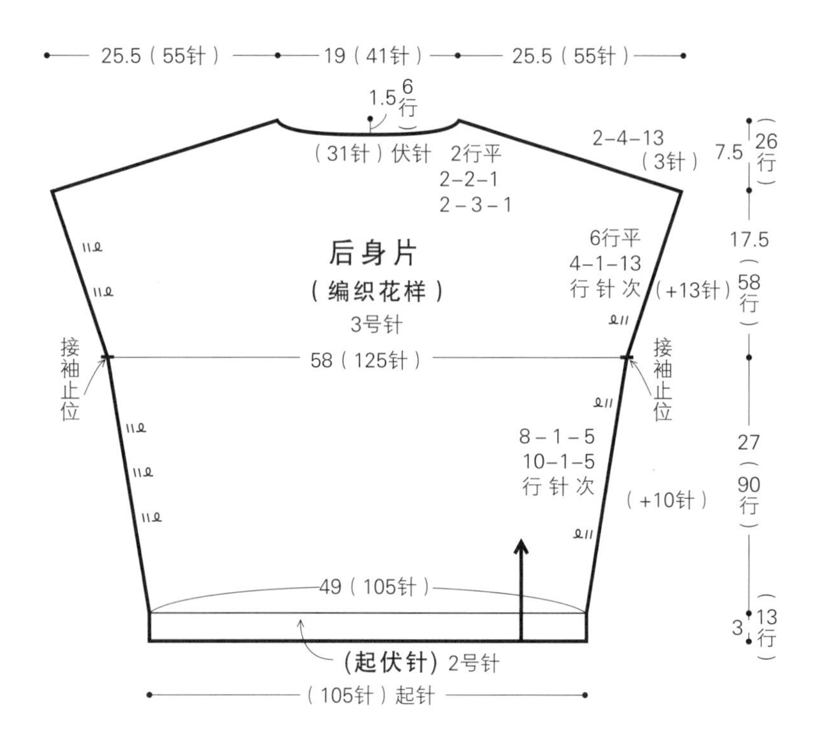

后领窝、袖子的编织方法转102页

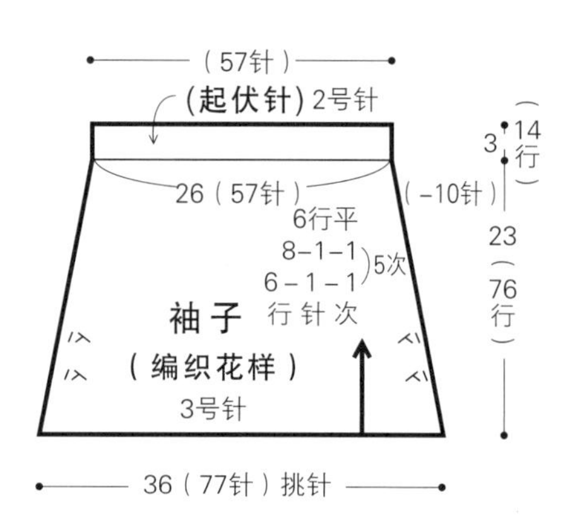

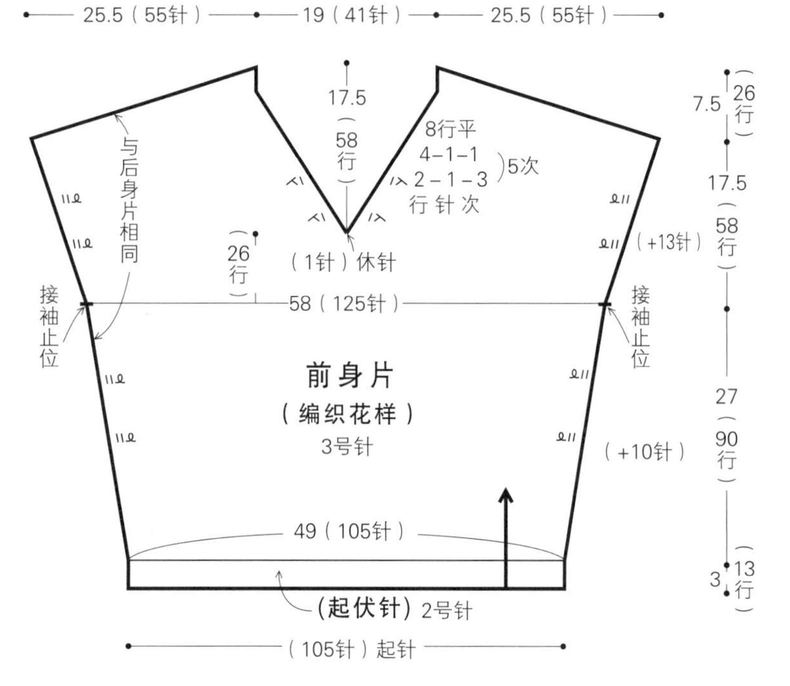

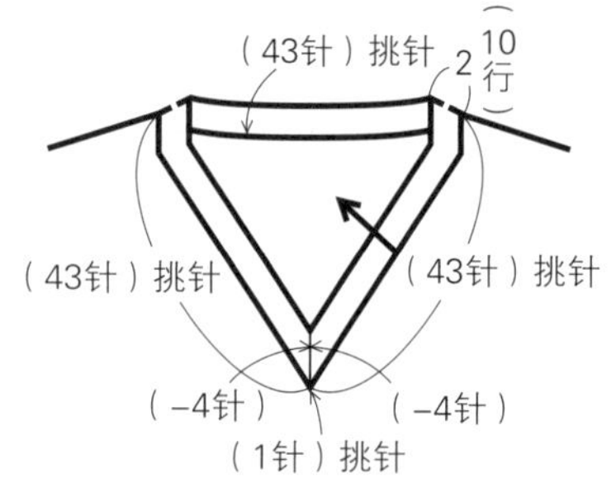

V领尖的编织方法

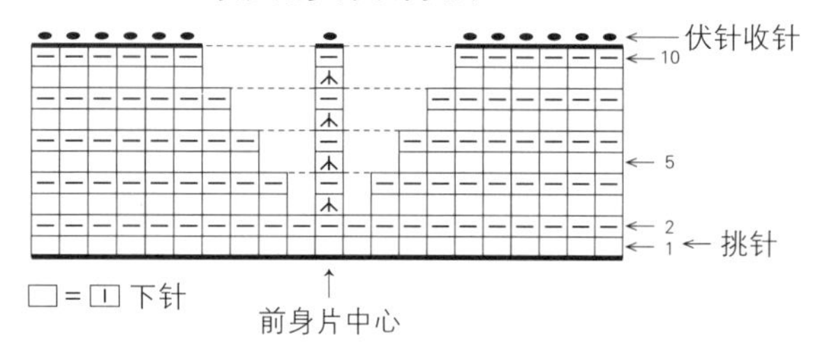

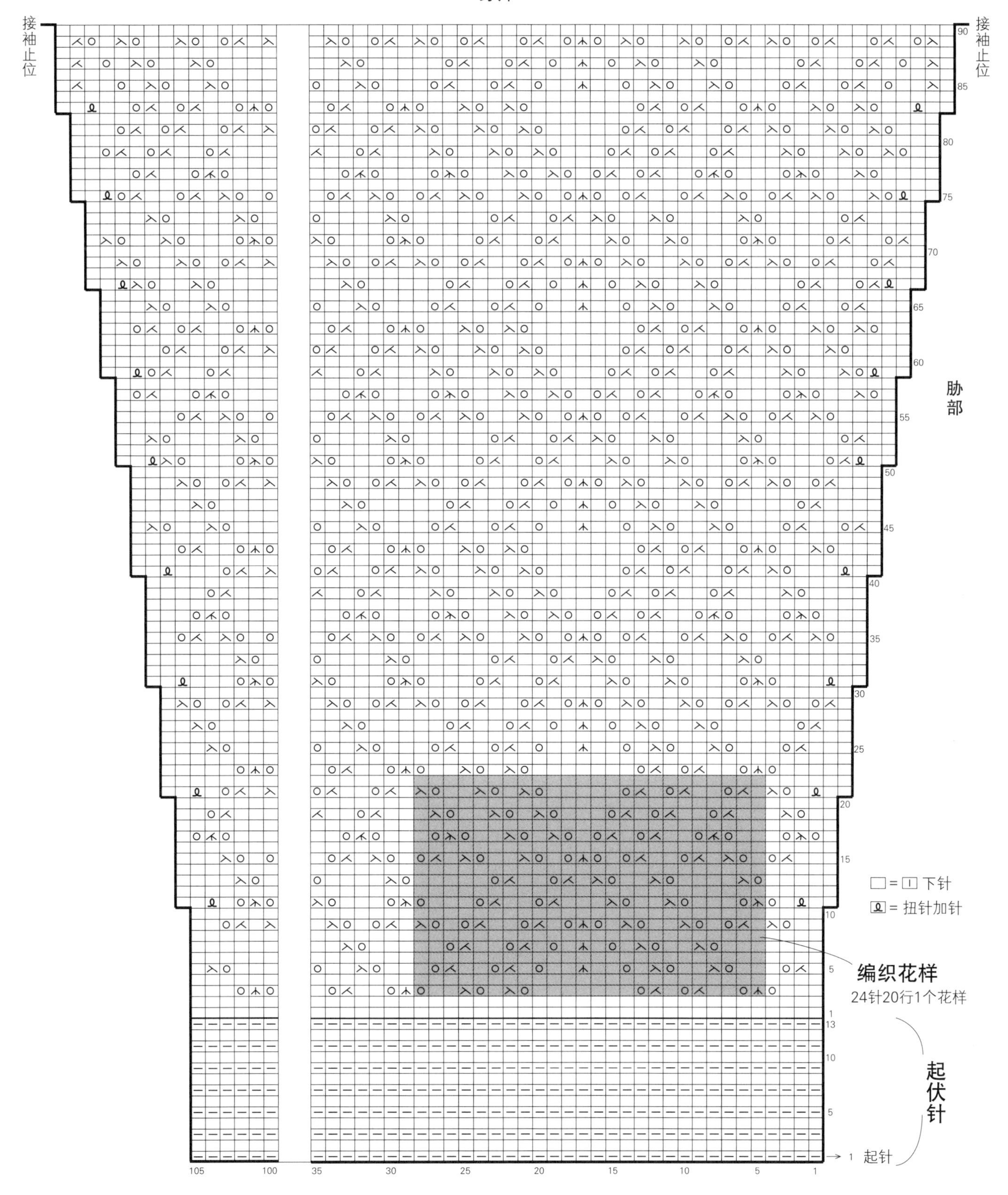

身片
接袖止位
接袖止位
肋部
□=□ 下针
扭针加针
编织花样
24针20行1个花样
起伏针
起针
105
100
35
30
25
20
15
10
5
1
90
85
80
75
70
65
60
55
50
45
40
35
30
25
20
15
10
5
1
13
10
5
1

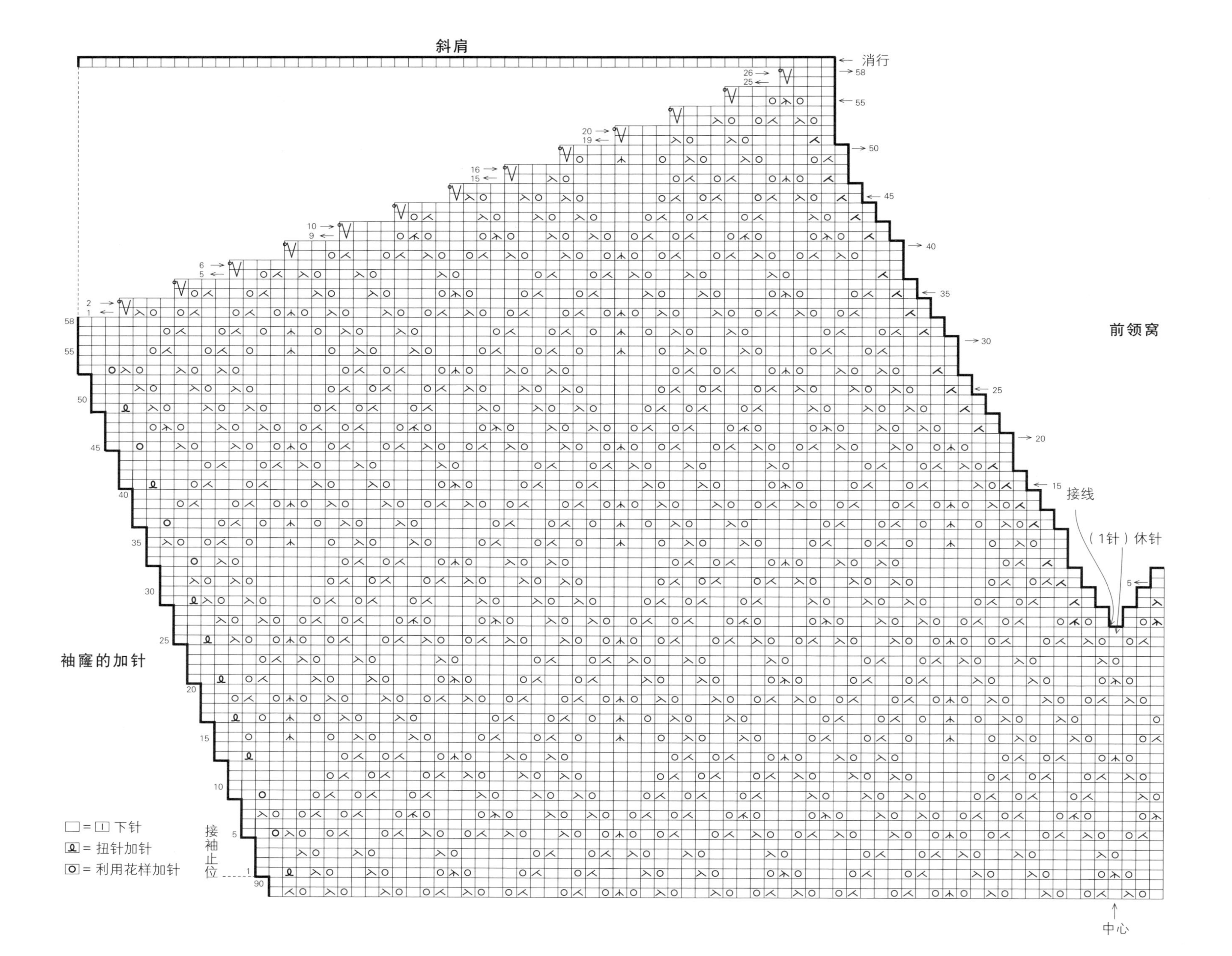

斜肩
消行
前领窝
接线
（1针）休针
中心
袖窿的加针
接袖止位
□ = ⊟ 下针
ᘯ = 扭针加针
ⓞ = 利用花样加针

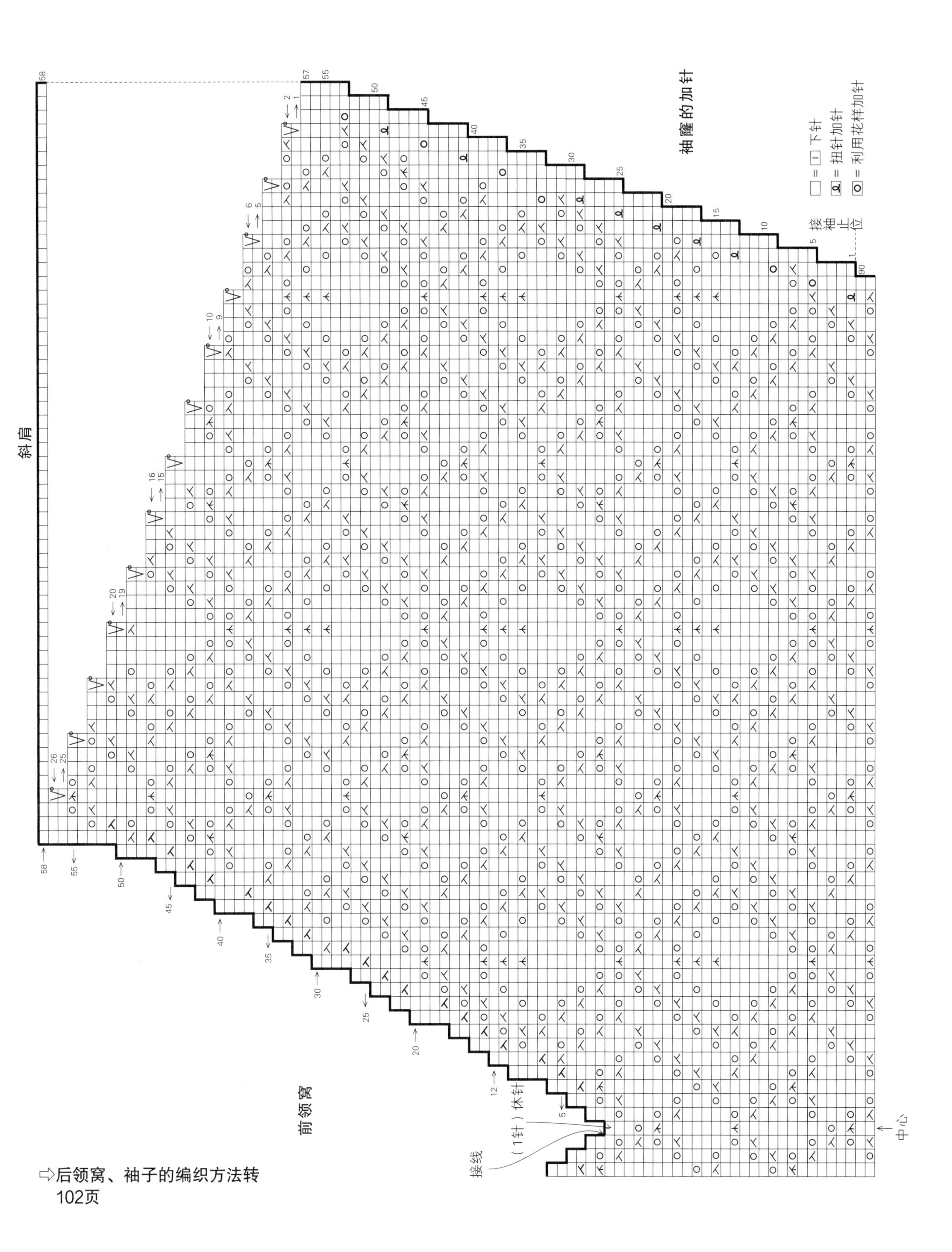

⇨后领窝、袖子的编织方法转102页

20

24页

■材料 Ski Meilong（粗）红茶色系段染（1527）235g/8团；直径15mm的纽扣 1颗

■工具 棒针6号、4号，钩针4/0号

■成品尺寸 胸围96cm，衣长53cm，连肩袖长29cm

■编织密度 10cm×10cm面积内：编织花样25.5针，31行

■编织要点 身片另线锁针起针后按编织花样编织。袖下做挂针和扭针加针。前身片编织至半开襟开口止位，然后分成左右两边编织。领窝减2针及以上时做伏针减针，减1针时立起侧边1针减针。斜肩做留针的引返编织。下摆解开另线锁针挑针后编织双罗纹针和边缘编织。肩部做盖针接合。领口、袖口挑取指定针数后编织双罗纹针和边缘编织。胁部、袖口下端做挑针缝合。钩织锁针制作纽襻，缝在指定位置。最后缝上纽扣。

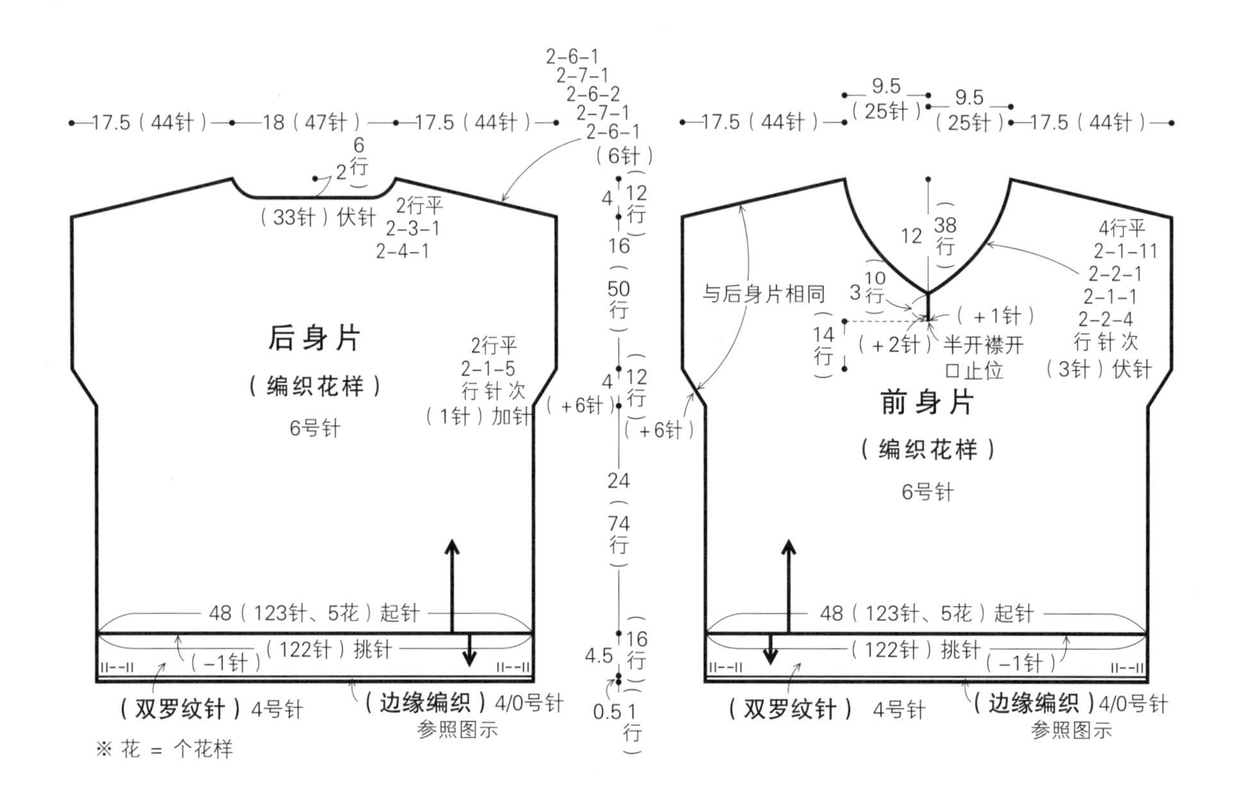

编织花样

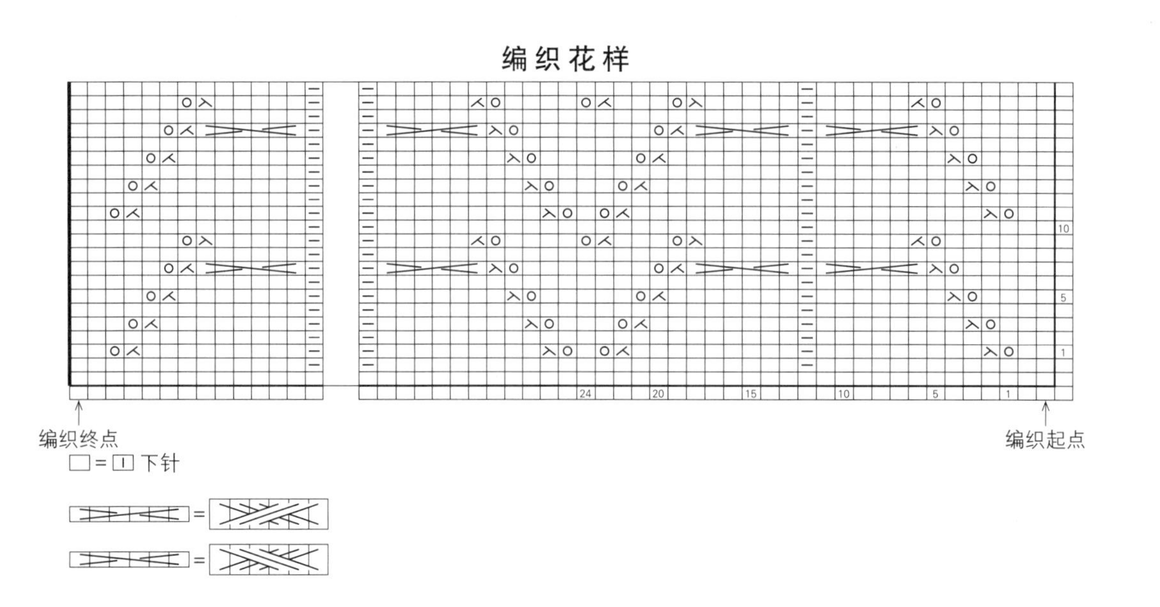

领口
（边缘编织）
4/0号针
（52针）挑针
0.5
（1行）
2.5（10行）
（42针）挑针
（42针）挑针
（双罗纹针）
4号针
纽襻
（6针锁针）
参照图示
袖口
（边缘编织）
4/0号针
参照图示
2（8行）
0.5（1行）
（94针）挑针
（双罗纹针）
4号针

纽襻
4/0号针
（6针锁针）
◁ = 接线
◀ = 断线

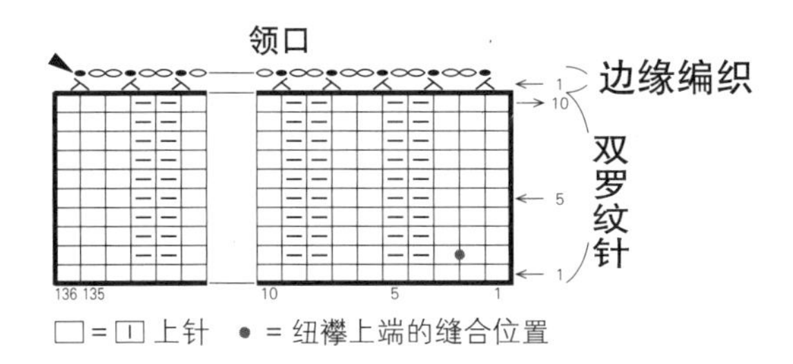

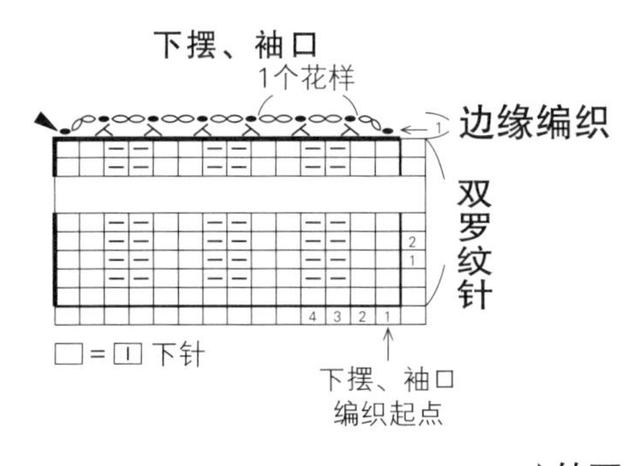

⇨转下一页

接67页 作品12

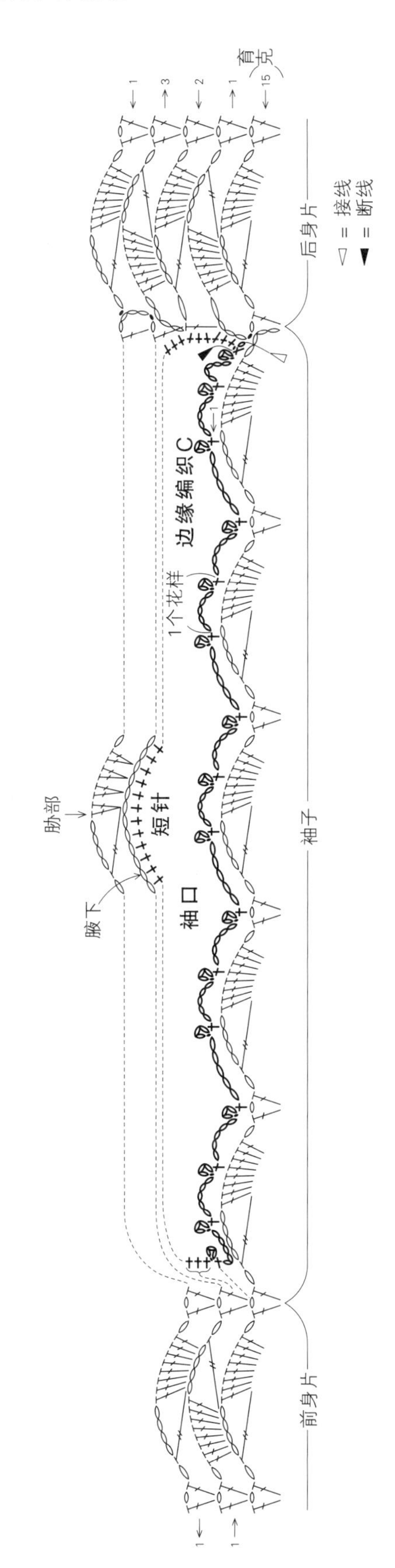

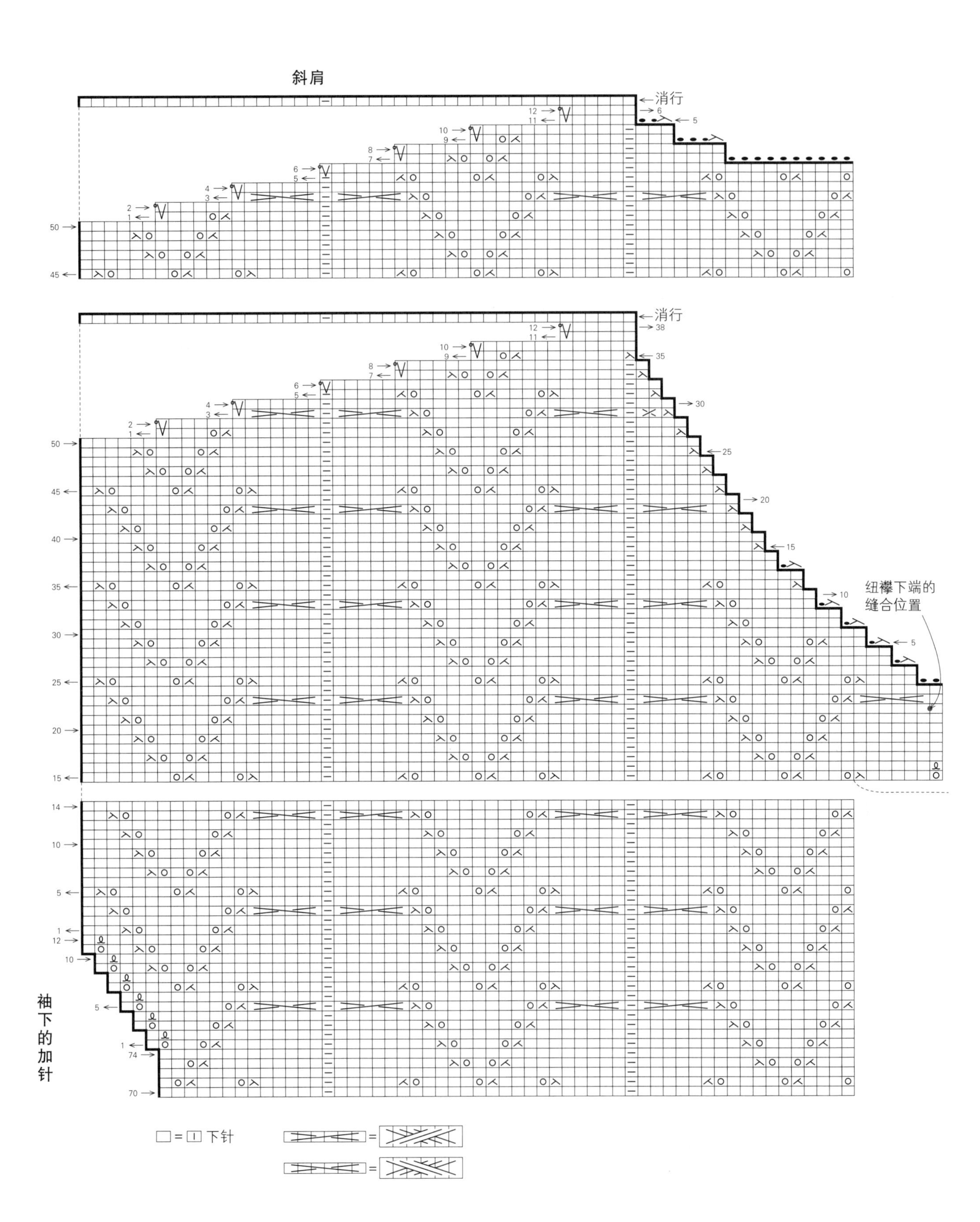
斜肩
消行
消行
纽襻下端的
缝合位置
袖下的加针
□=□ 下针

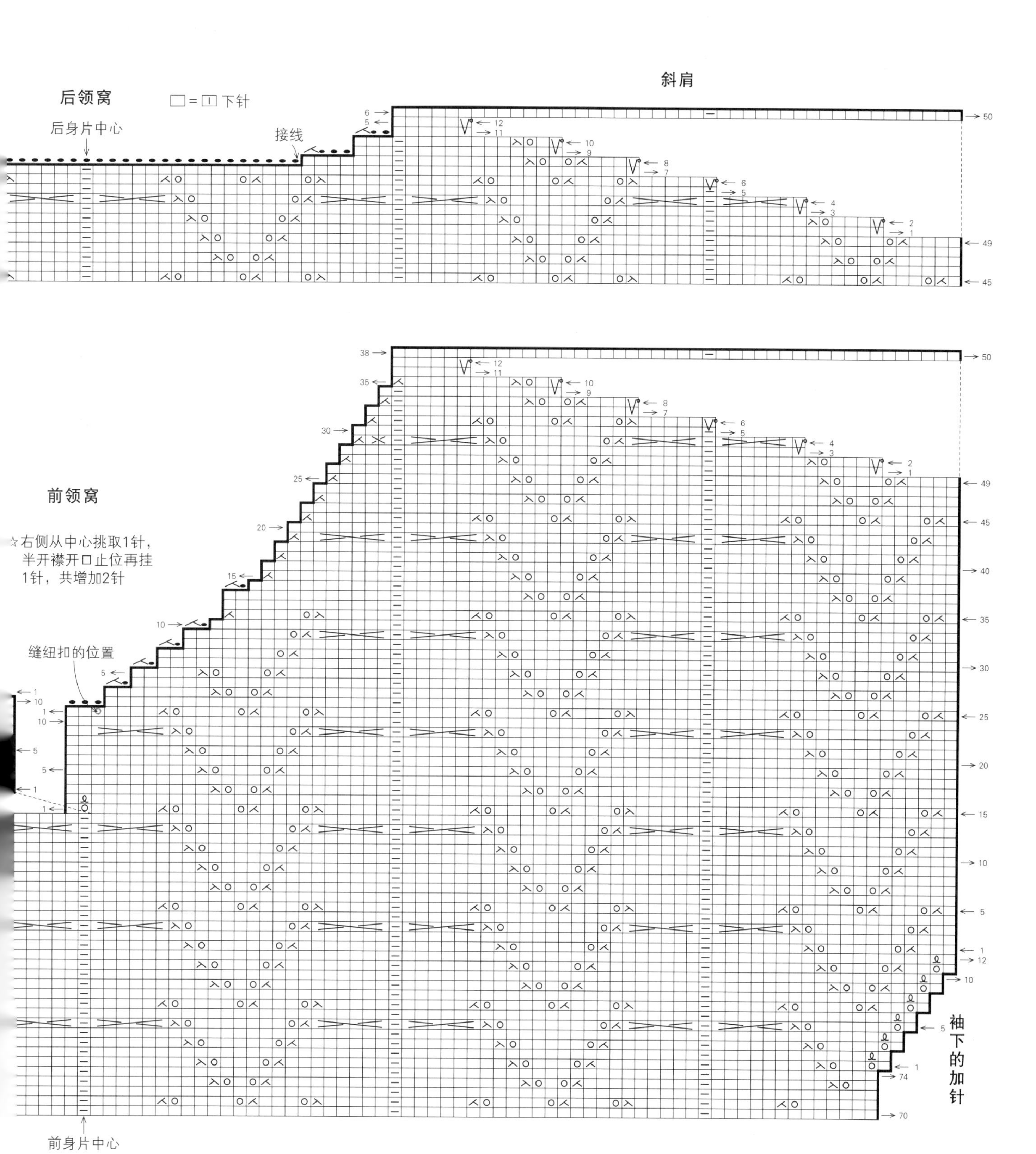

后领窝
□ = ▯ 下针
斜肩
后身片中心
接线
前领窝
☆右侧从中心挑取1针，
半开襟开口止位再挂
1针，共增加2针
缝纽扣的位置
前身片中心
袖下的加针

21

25页

■材料　Ski Cotorra（粗）蓝色+绿色系段染（1816）200g/4团，Ski Quartz（粗）白色（1721）65g/3团
■工具　棒针4号、3号，钩针4/0号
■成品尺寸　胸围100cm，衣长53cm，连肩袖长33cm
■编织密度　10cm×10cm面积内：条纹花样A、A'均为26针，43.5行

■编织要点　身片另线锁针起针后，按条纹花样A、A'编织。袖下做卷针加针并从锁针上挑针加针。领窝减2针及以上时做伏针减针，减1针时立起侧边1针减针。斜肩做留针的引返编织。下摆解开另线锁针挑针后做条纹花样B和边缘编织。肩部做盖针接合。领口、袖口挑取指定针数后做条纹花样B和边缘编织。胁部、袖下做挑针缝合。

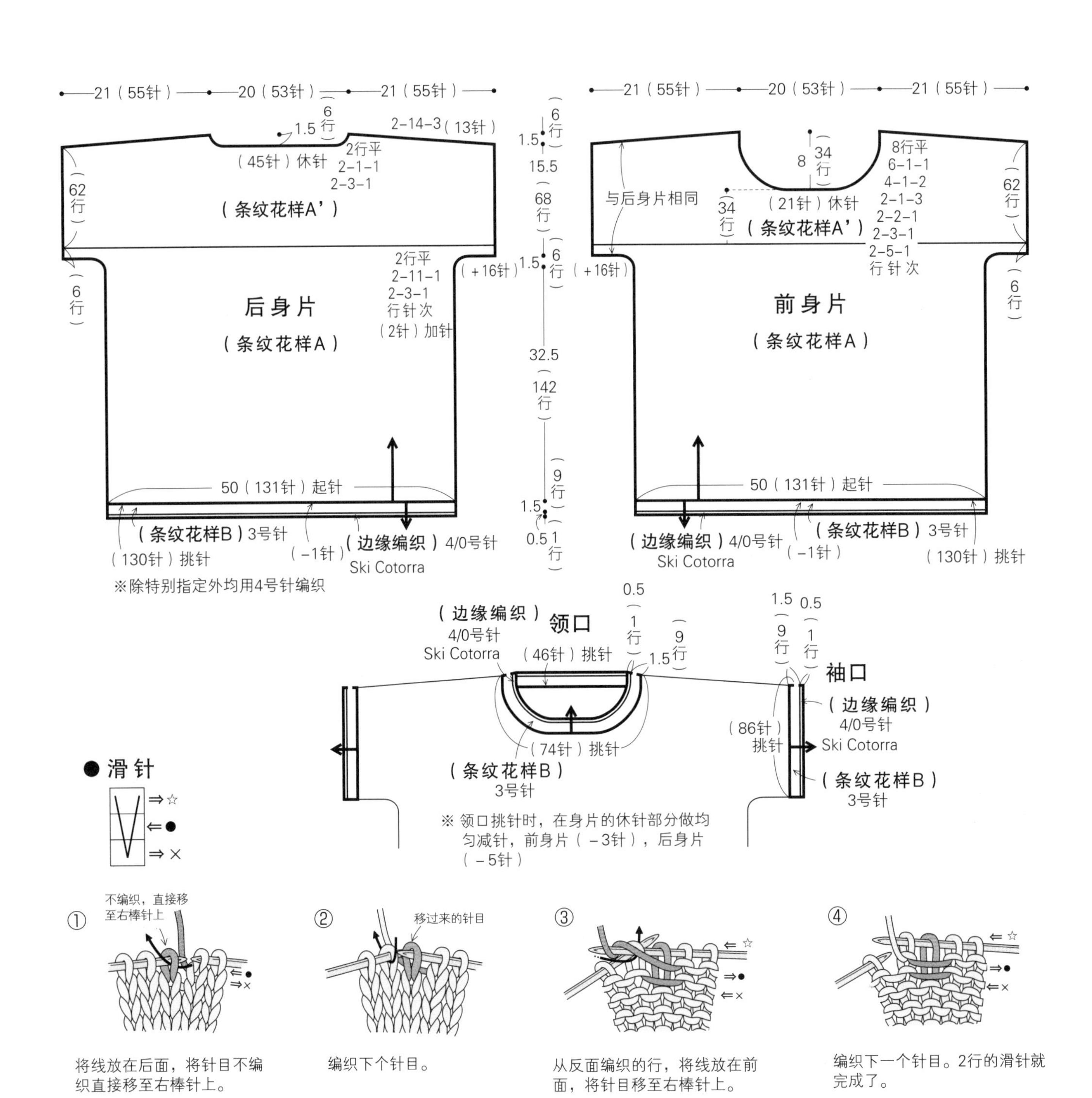

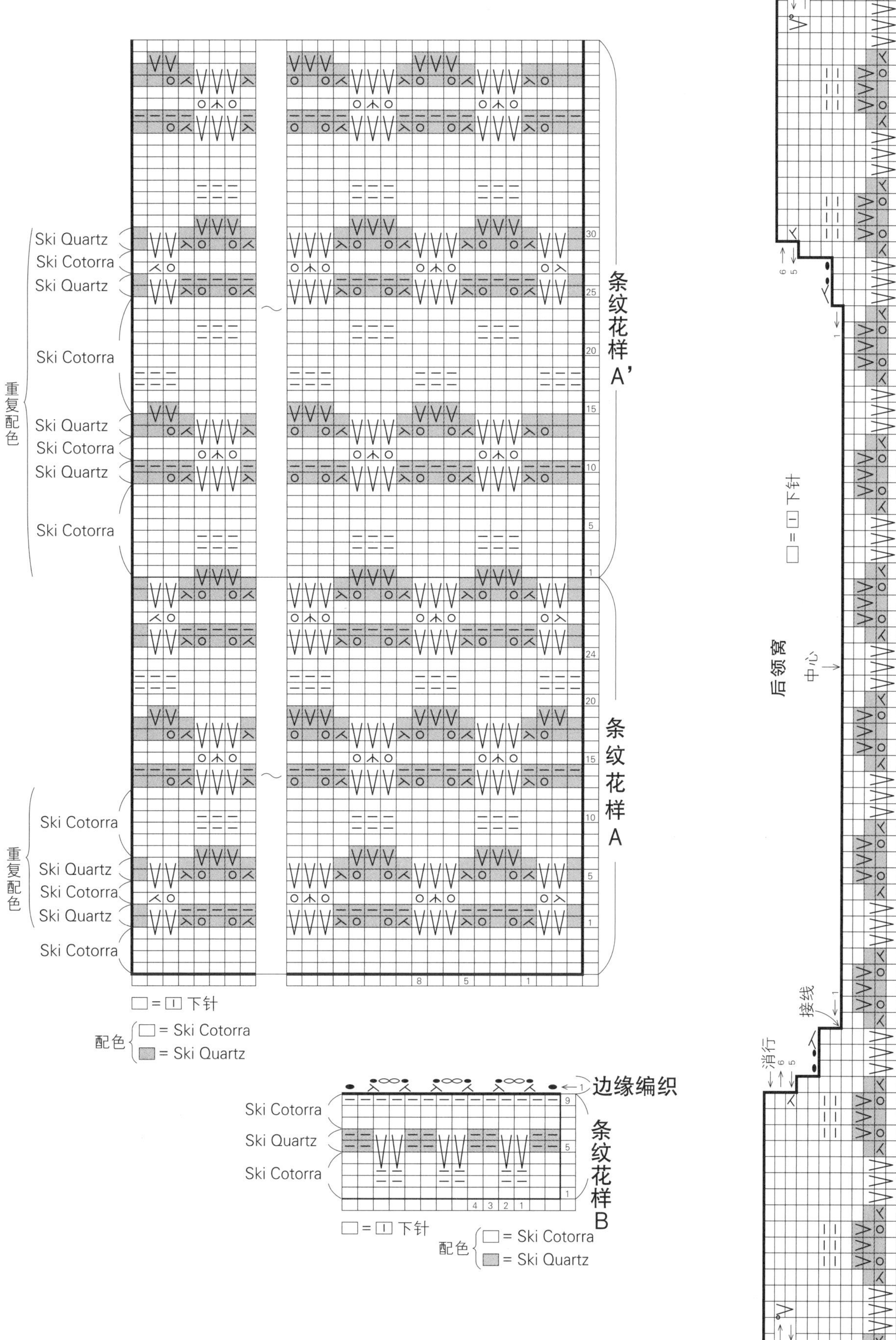
Ski Quartz
Ski Cotorra
Ski Quartz
Ski Cotorra
重复配色
Ski Quartz
Ski Cotorra
Ski Quartz
Ski Cotorra
条纹花样A'
条纹花样A
Ski Cotorra
重复配色
Ski Quartz
Ski Cotorra
Ski Quartz
Ski Cotorra
□ = ⊡ 下针
配色 □ = Ski Cotorra
▨ = Ski Quartz
边缘编织
Ski Cotorra
Ski Quartz
Ski Cotorra
条纹花样B
□ = ⊡ 下针
配色 □ = Ski Cotorra
▨ = Ski Quartz

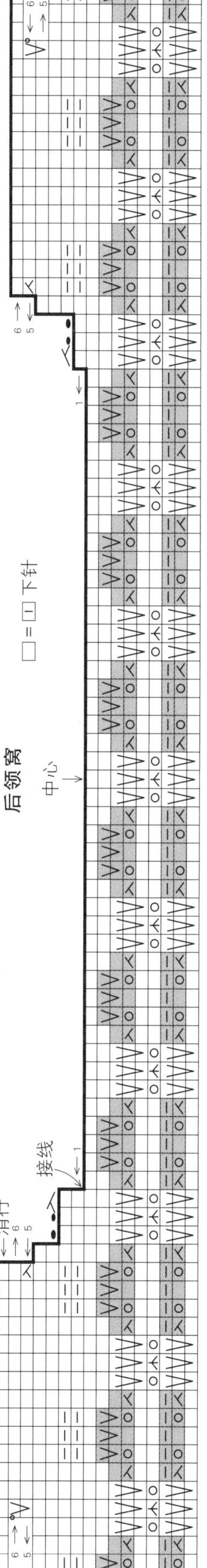
□ = ⊡ 下针
后领窝
中心
接线
消行

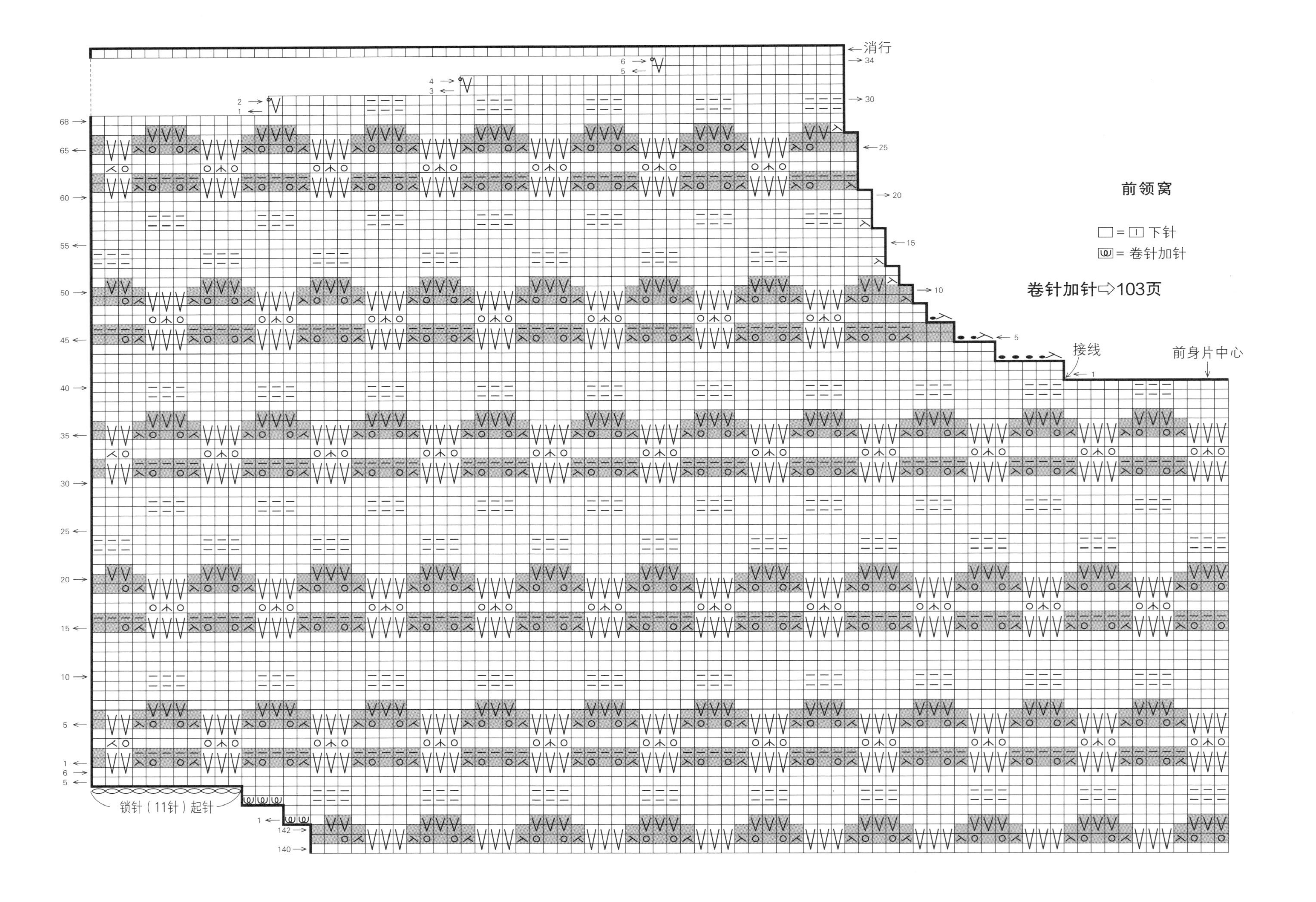

消行
前领窝
□ = ⊡ 下针
⓪ = 卷针加针
卷针加针⇨103页
接线
前身片中心
锁针（11针）起针

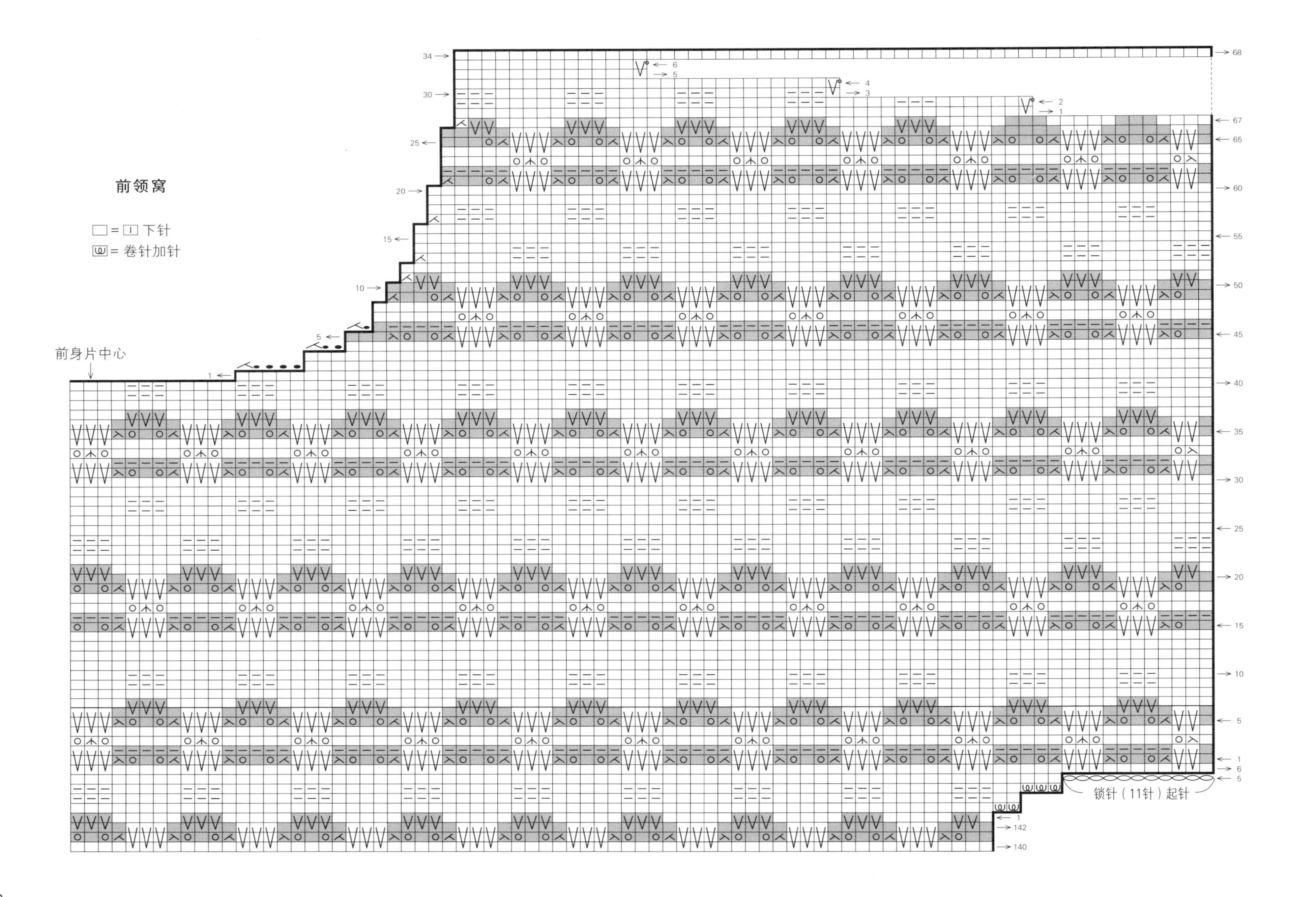
前领窝
□ = □ 下针
ⓦ = 卷针加针
前身片中心
锁针（11针）起针

22

26页

■材料 Ski Harugasumi（中细）紫色系段染（1316）260g/9团

■工具 棒针4号，钩针3/0号、4/0号、5/0号

■成品尺寸 胸围96cm，肩宽36cm，衣长56cm，袖长25.5cm

■编织密度 10cm×10cm面积内：编织花样A、A'均为25针，33行；短针（3/0号针）20.5针，25行

■编织要点 身片手指挂线起针后开始编织，中心做2针下针编织，左、右两侧分别按编织花样A、编织花样A'编织。袖窿、领窝减2针及以上时做伏针减针，减1针时立起侧边1针减针。前身片编织至前门襟开口止位后，将中心的针目做伏针收针，然后左右两边分开编织。袖子也与身片一样起针后做编织花样和减针，袖下是在侧边1针的内侧做扭针加针。下摆钩织短针。前门襟从身片挑针钩织短针。肩部做盖针接合。衣领挑取指定针数后，一边调整编织密度一边钩织短针。开衩止位以上的胁部、袖下做挑针缝合，袖口环形钩织短针。上层前门襟的底端与身片缝合，下层前门襟的底端在反面做卷针缝合。袖子与身片做引拔接合。

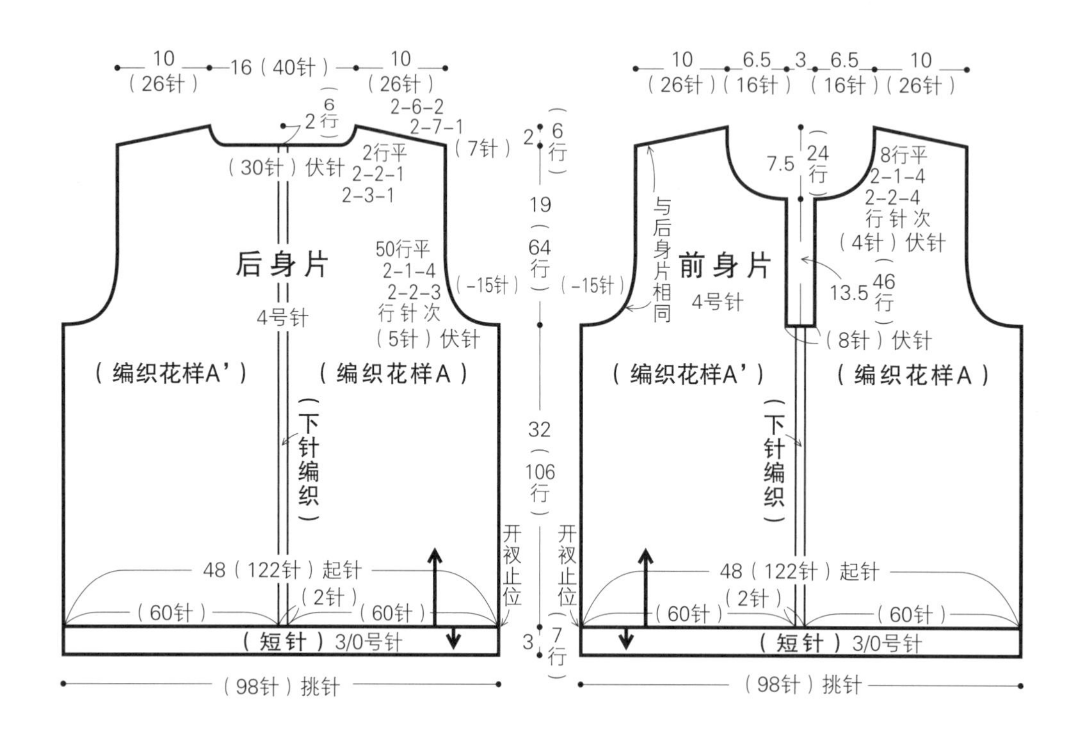

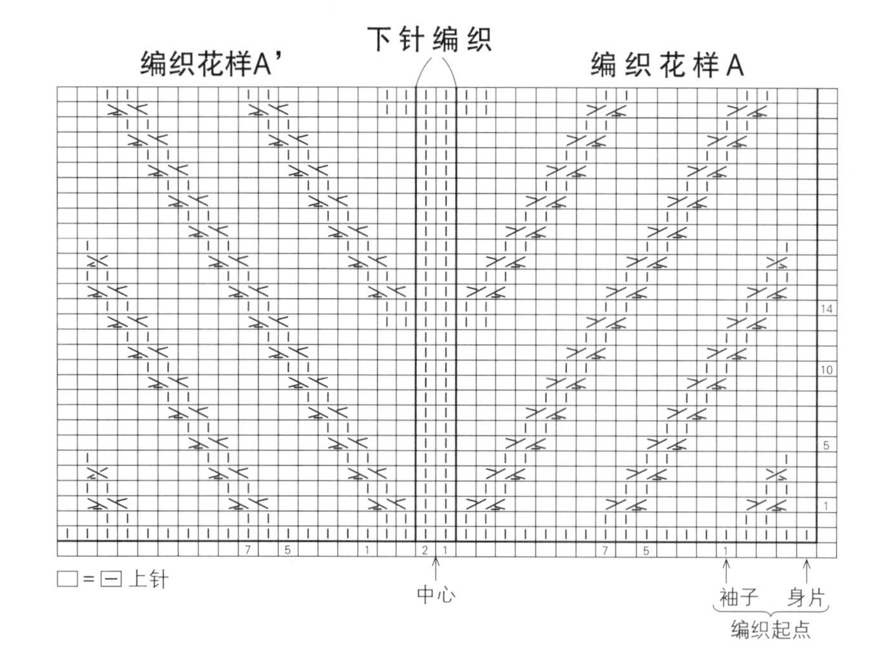

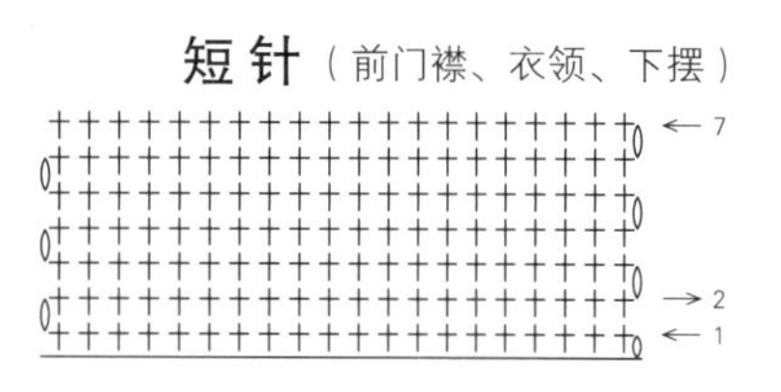

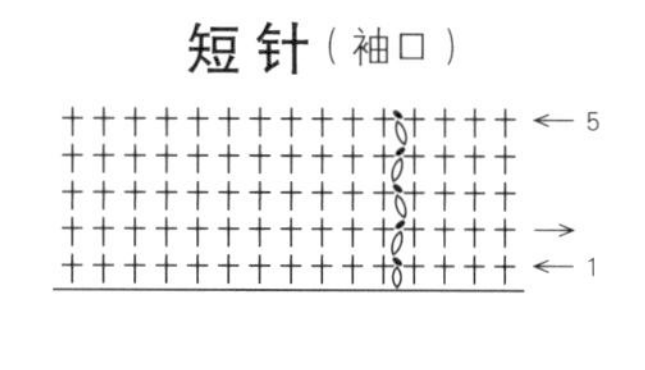

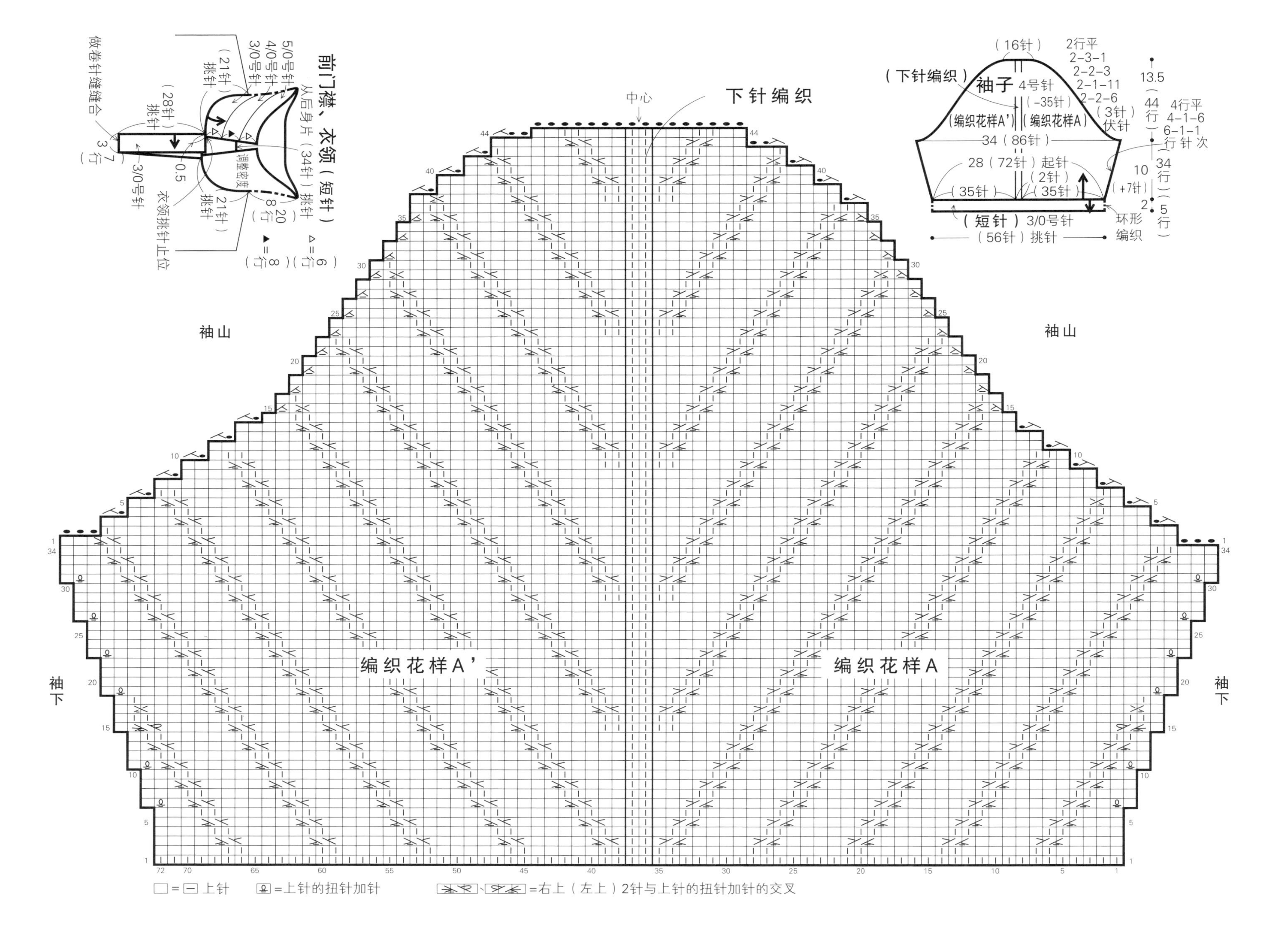
袖子
（下针编织）
4号针
（16针）
2行平
2-3-1
2-2-3
2-1-11
2-2-6
（3针）伏针
（-35针）
（编织花样A'）
（编织花样A）
34（86针）
28（72针）起针
（2针）
（35针）
（35针）
13.5
44行
4行平
4-1-6
6-1-1
行 针 次
10
34行
（+7针）
2
5行
（短针）3/0号针
（56针）挑针
环形编织
前门襟、衣领（短针）
从后身片（34针）挑针
5/0号针
4/0号针
3/0号针
（21针）挑针
（21针）挑针
调整密度
8
20行
△=6行
▲=8行
（28针）挑针
0.5
衣领挑针止位
3/0号针
做卷针缝缝合
3
7行
中心
下针编织
袖山
袖山
袖下
袖下
编织花样A'
编织花样A
□=□ 上针
=上针的扭针加针
=右上（左上）2针与上针的扭针加针的交叉

左上2针与1针的交叉（下侧为上针）

① 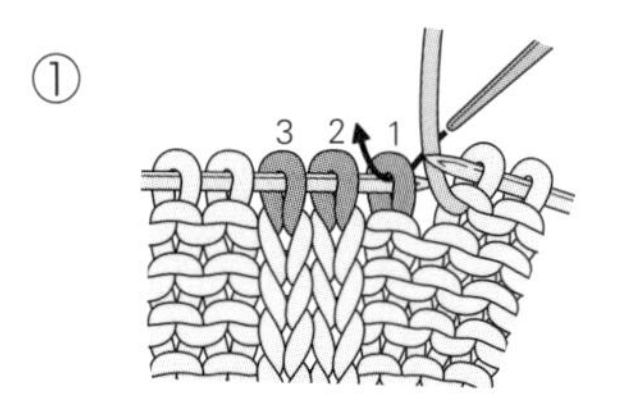

编织至针目1的前面，将针目1移至麻花针上。

② 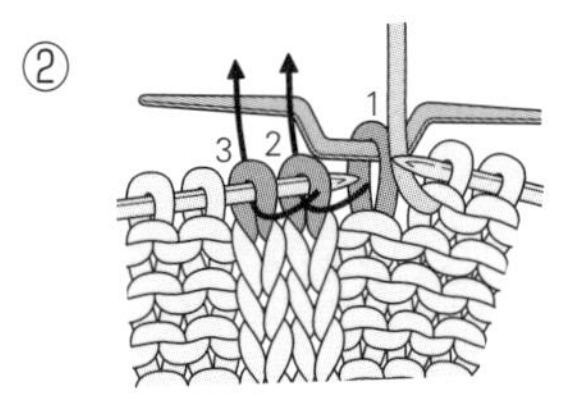

将麻花针放在织物的后面，针目2、3分别编织下针。

③ 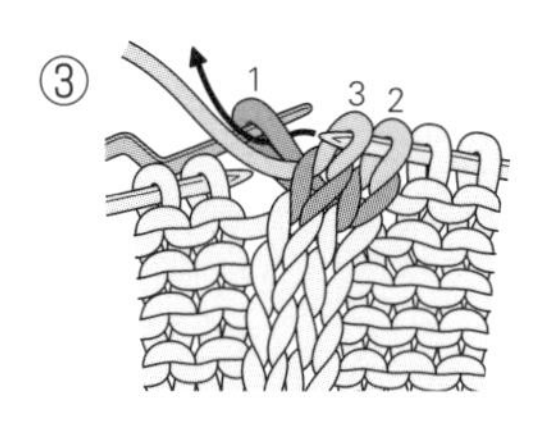

针目1编织上针。

④ 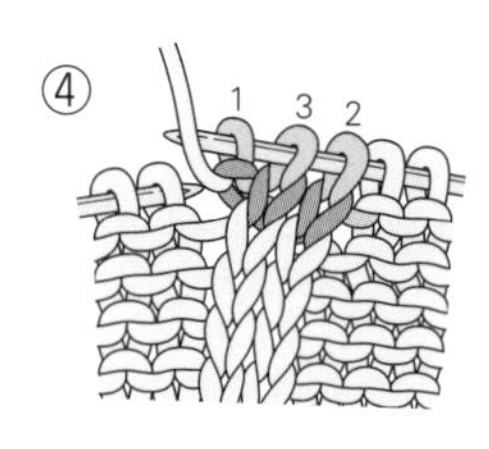

针目1的上针和针目2、3在后面交叉。

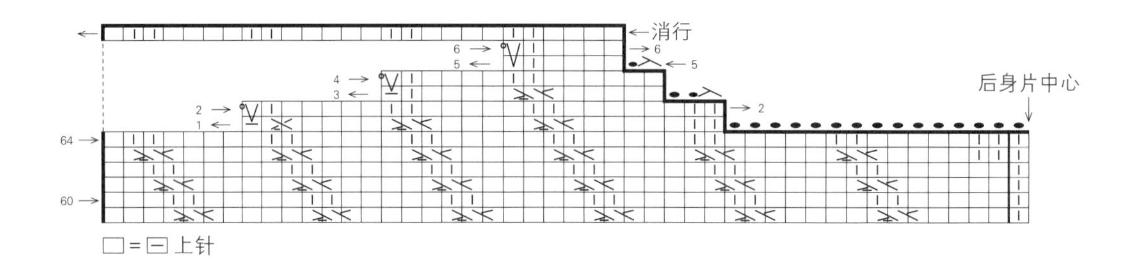

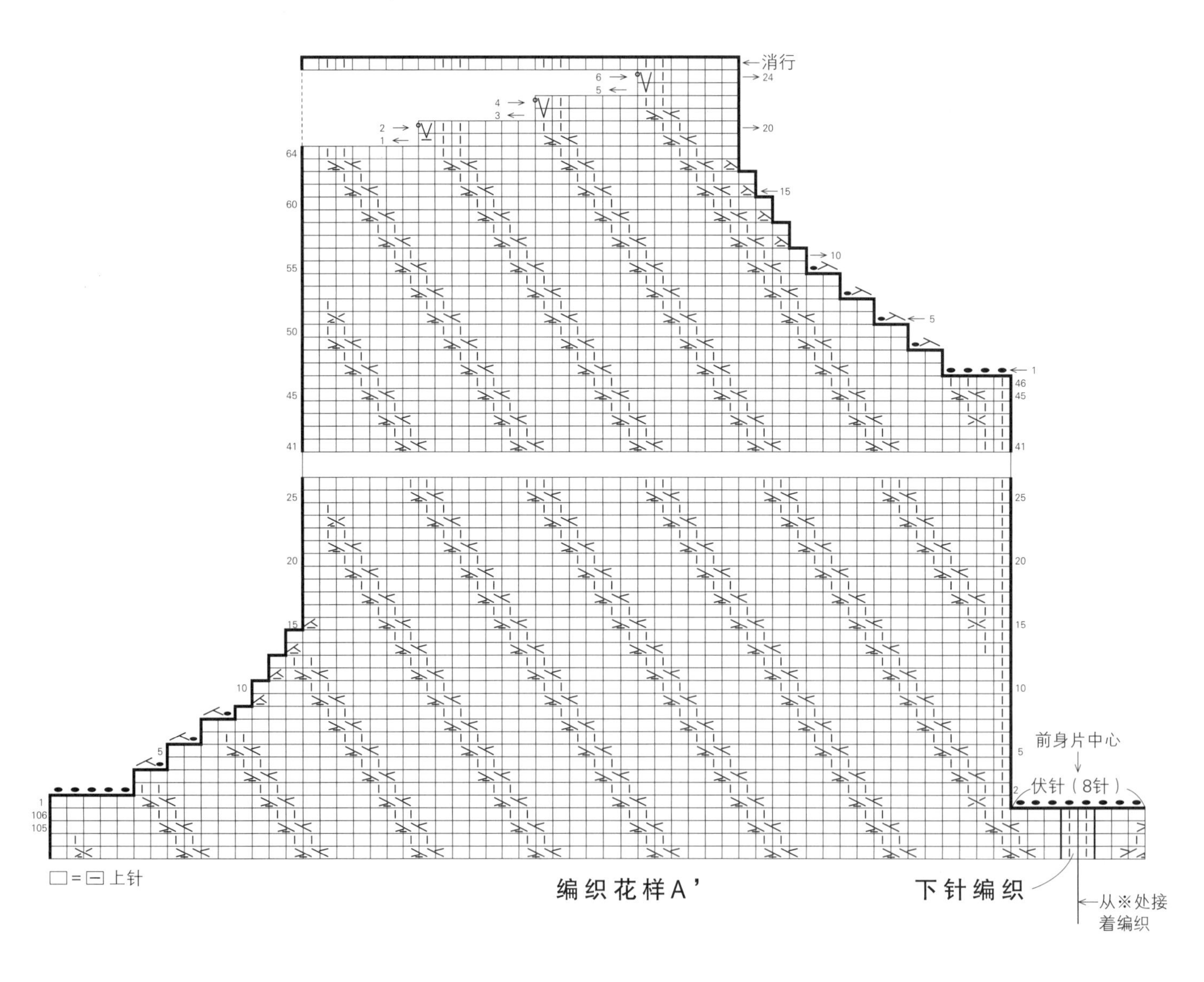

右上2针与1针的交叉（下侧为上针）

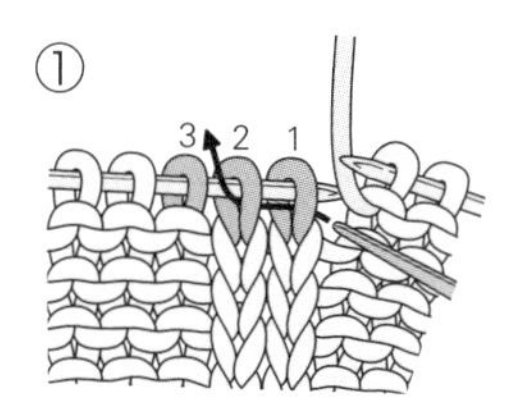

编织至针目1的前面，将针目1、2移至麻花针上。

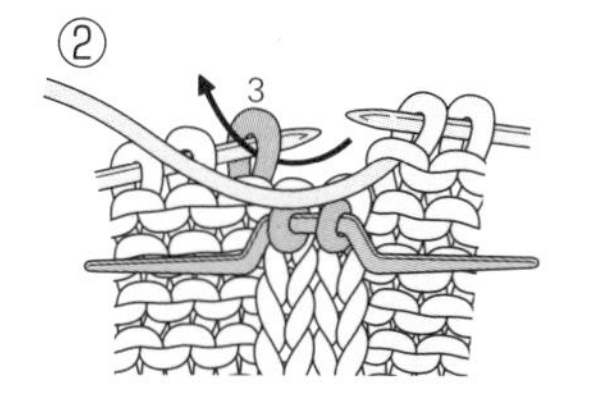

将麻花针放在织物的前面，针目3编织上针。

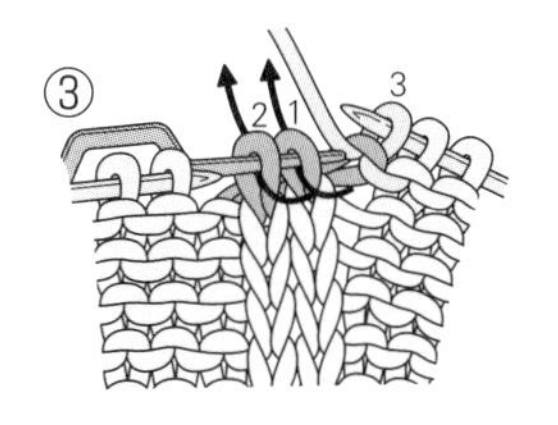

针目1、2分别编织下针。

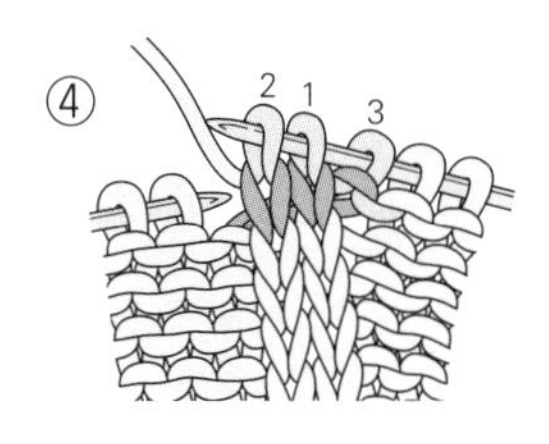

针目3的上针和针目1、2在后面交叉。

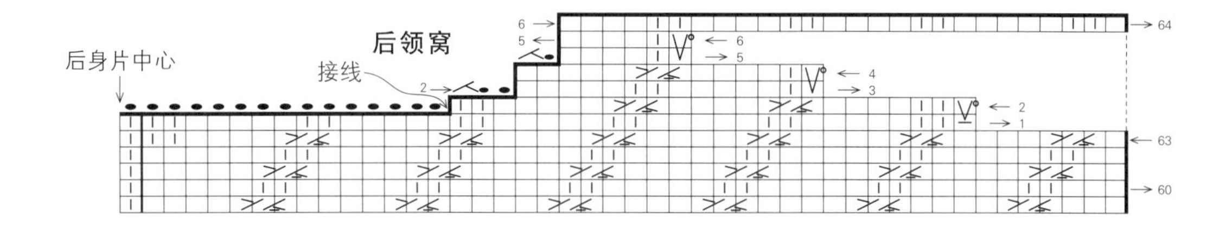

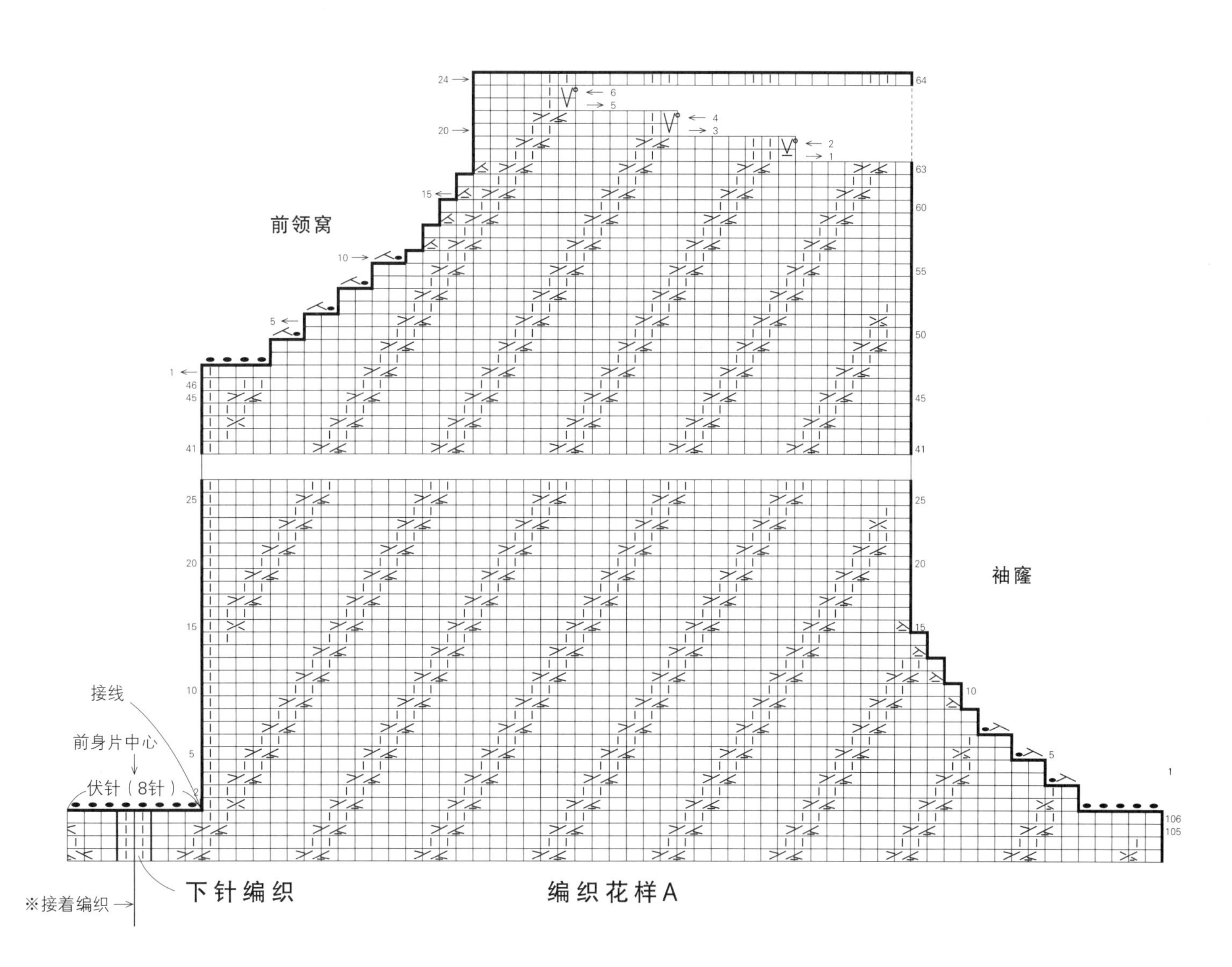

23

27页

■材料 Ski Quartz（粗）浅灰色（1726）370g/13团，长3cm的纽扣 1颗

■工具 钩针4/0号

■成品尺寸 胸围105.5cm，衣长57cm，连肩袖长53.5cm

■花片的大小 6.5cm×6.5cm

■编织要点 按连接花片钩织。基本上，横向编织的花片（A）是从左上往右下斜着钩织，纵向编织的花片（B）是从右下往左上钩织。从右前身片的胁部开始，连续编织右袖、后身片的一部分至80号花片（参照图1~图4）。然后从左前身片的前门襟重新开始，连续编织左袖、后身片（参照图5、图6）。胁部、袖下钩织引拔针和锁针接合。前门襟、领口按边缘编织A往返钩织，下摆也按边缘编织A钩织。袖口按边缘编织B环形钩织。

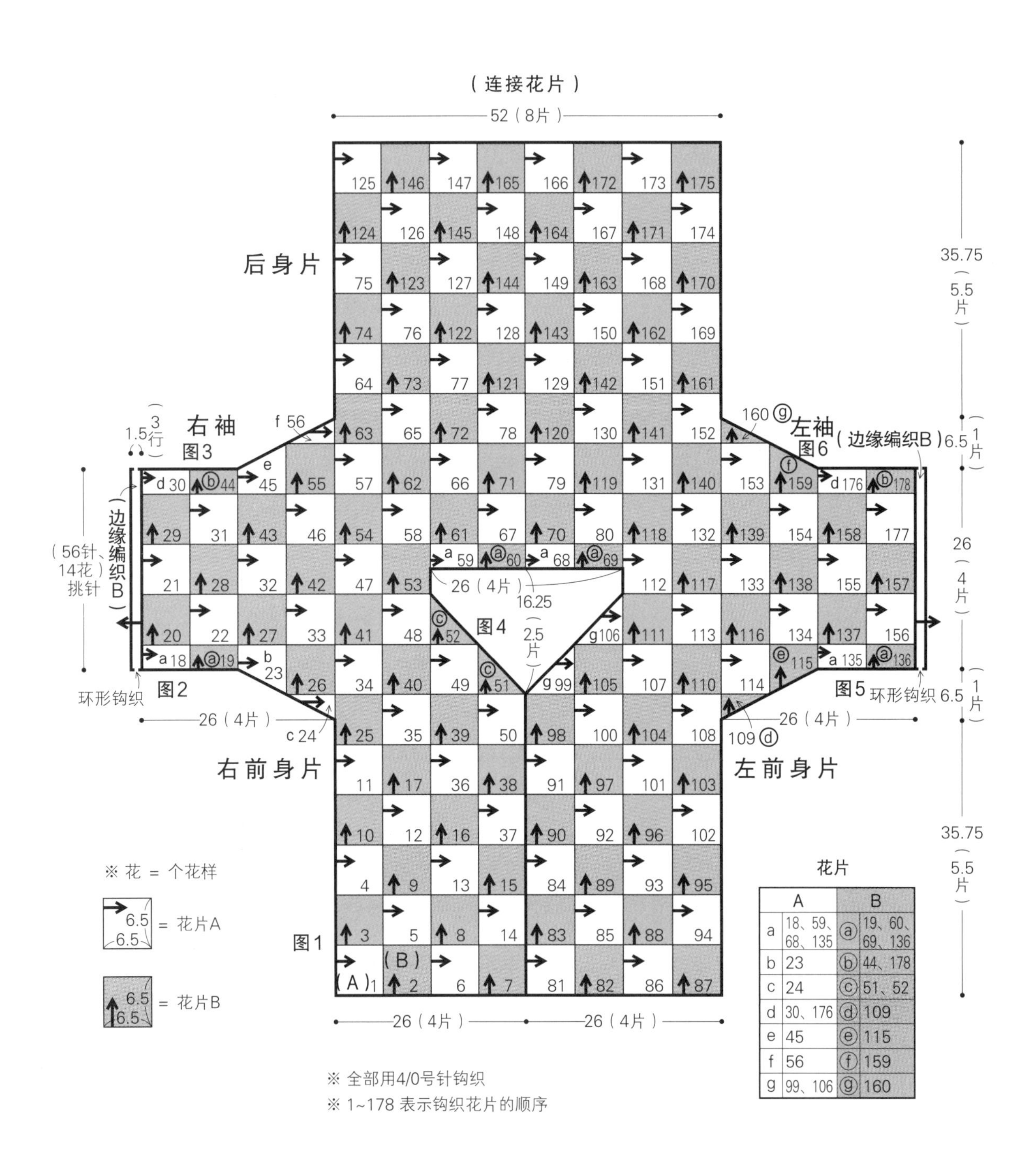

花片

	A		B
a	18、59、68、135	ⓐ	19、60、69、136
b	23	ⓑ	44、178
c	24	ⓒ	51、52
d	30、176	ⓓ	109
e	45	ⓔ	115
f	56	ⓕ	159
g	99、106	ⓖ	160

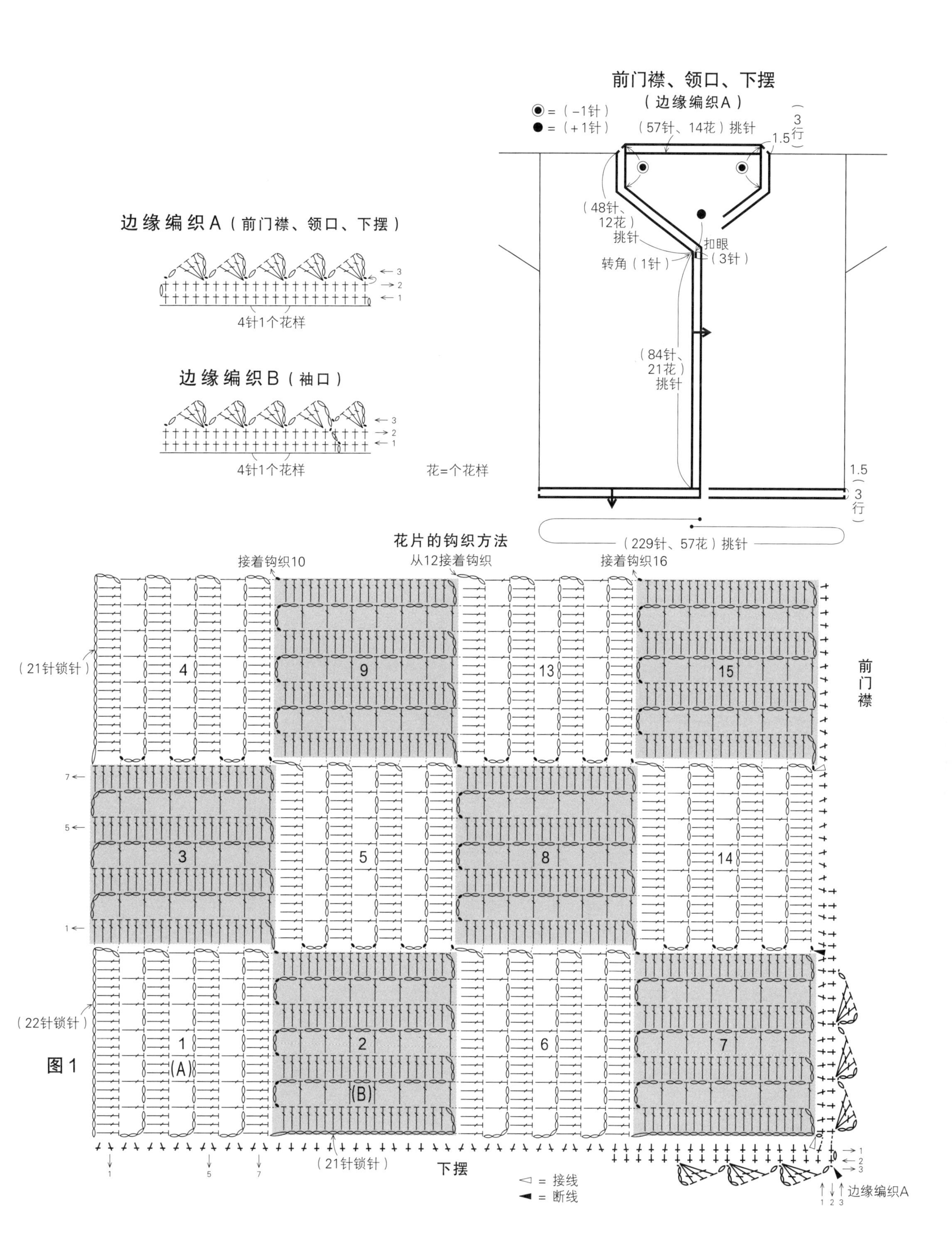

前门襟、领口、下摆
（边缘编织A）
=（-1针）
=（+1针）
（57针、14花）挑针
1.5
3行
（48针、12花）挑针
扣眼（3针）
转角（1针）
（84针、21花）挑针
1.5
3行
（229针、57花）挑针
边缘编织A（前门襟、领口、下摆）
4针1个花样
边缘编织B（袖口）
4针1个花样
花=个花样
花片的钩织方法
接着钩织10
从12接着钩织
接着钩织16
（21针锁针）
4
9
13
15
前门襟
3
5
8
14
（22针锁针）
1
(A)
2
(B)
6
7
图1
（21针锁针）
下摆
= 接线
= 断线
边缘编织A

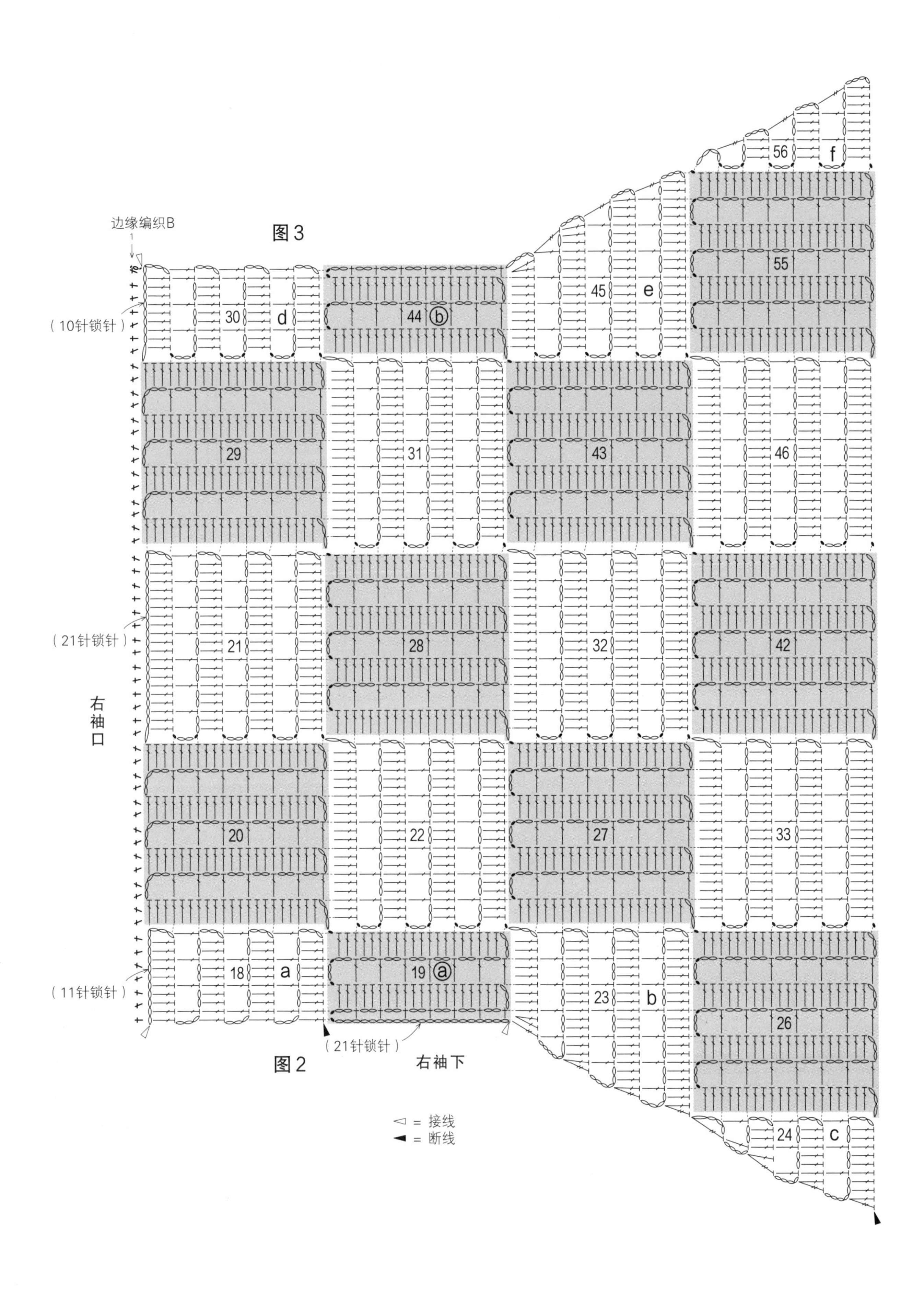
边缘编织B
1
图3
(10针锁针)
30
d
44
ⓑ
45
e
56
f
55
29
31
43
46
(21针锁针)
21
28
32
42
右袖口
20
22
27
33
18
a
19
ⓐ
23
b
26
(11针锁针)
(21针锁针)
图2
右袖下
24
c
◁ = 接线
◀ = 断线

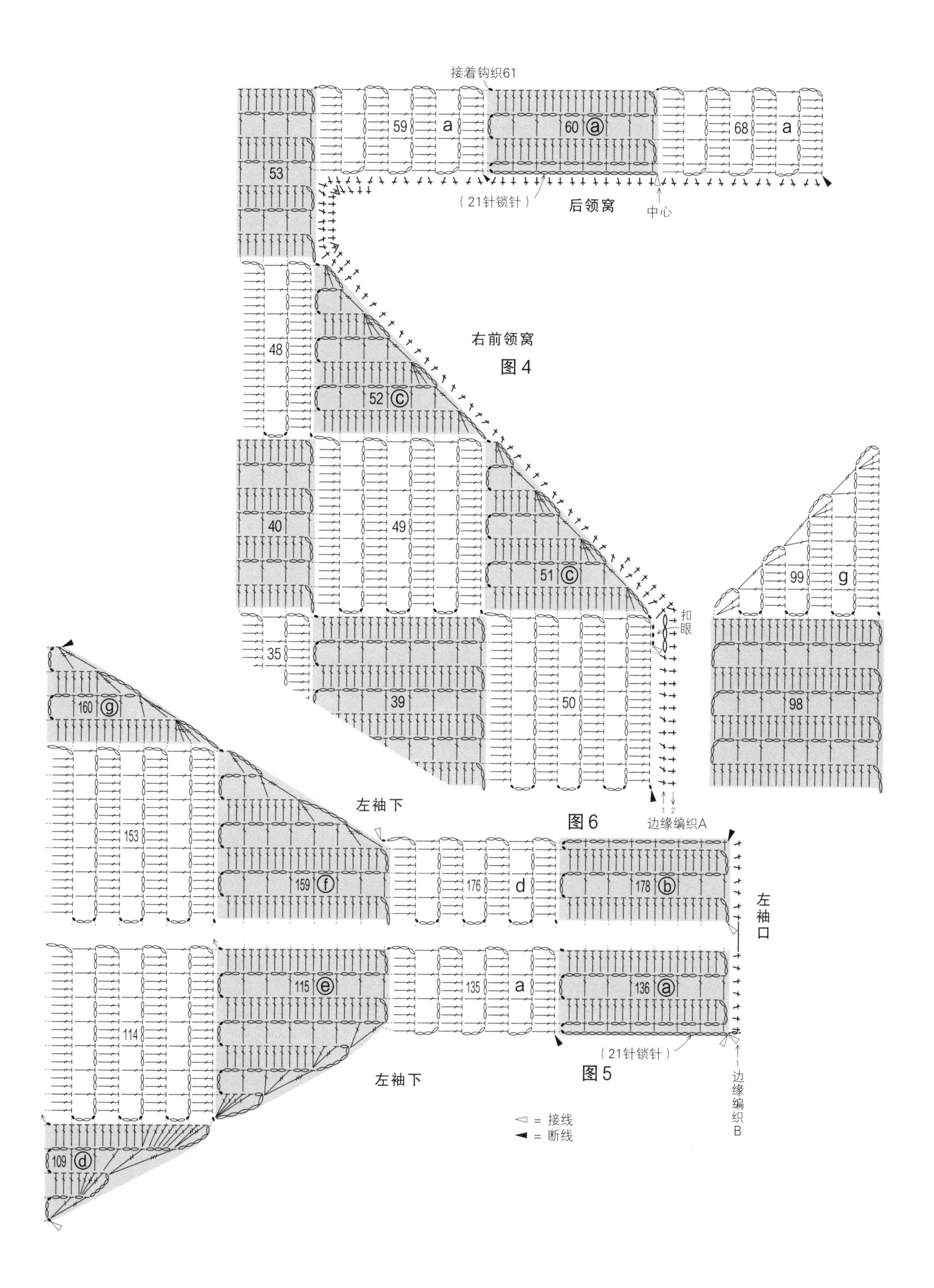
接着钩织61
59
a
60
ⓐ
68
a
53
（21针锁针）
后领窝
中心
48
右前领窝
图4
52
ⓒ
40
49
51
ⓒ
99
g
扣眼
35
39
50
98
160
ⓖ
153
左袖下
图6
边缘编织A
159
ⓕ
176
d
178
ⓑ
左袖口
115
ⓔ
135
a
136
ⓐ
114
（21针锁针）
图5
左袖下
边缘编织B
◁ = 接线
◀ = 断线
109
ⓓ

15

20页

■材料　Ski Supima Cotton（粗）浅紫色（5015）70g/3团

■工具　钩针4/0号

■成品尺寸　头围53cm，深22cm

■编织密度　编织花样10cm12行

■编织要点　在帽顶环形起针，钩织6针短针。接着参照图示一边加减针一边钩织24行，一共6个编织花样。为了使枣形针呈现饱满的效果，将长针的线圈拉长一点。帽口钩织4行边缘编织。

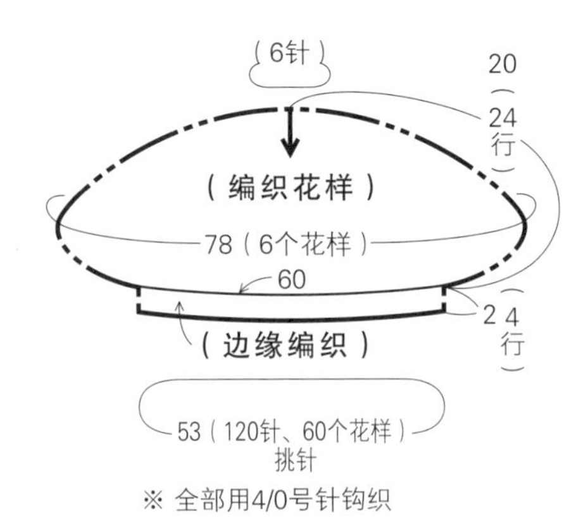

※ 全部用4/0号针钩织

边缘编织

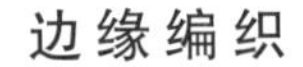

编织花样

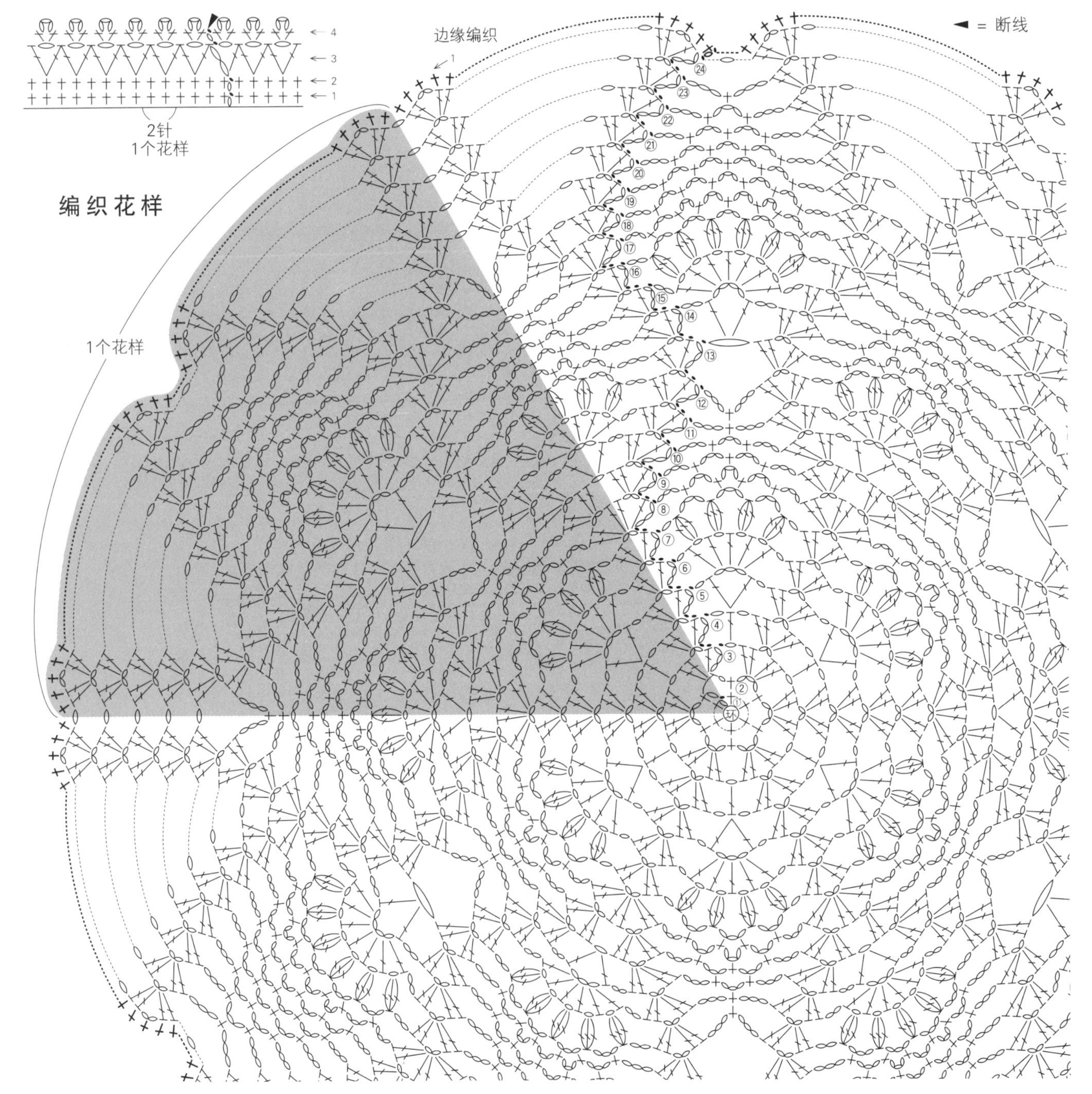

24

28页

■**材料** Food Textile（粗）MACHA（2）400g/16团

■**工具** 棒针4号、3号

■**成品尺寸** 胸围103cm，衣长58cm，连肩袖长59.75cm

■**编织密度** 10cm×10cm面积内：编织花样B 26针，37行

■**编织要点** 身片手指挂线起针后按编织花样A开始编织，接着按编织花样B、编织花样B'继续编织。袖窿做伏针收针。领窝减2针及以上时做伏针减针，减1针时立起侧边1针减针。袖子的编织要领与身片相同，袖下是在侧边1针的内侧做扭针加针。肩部做盖针接合。领口编织起伏针，结束时做伏针收针。袖子与身片之间做针与行的接合，胁部、袖下做挑针缝合。

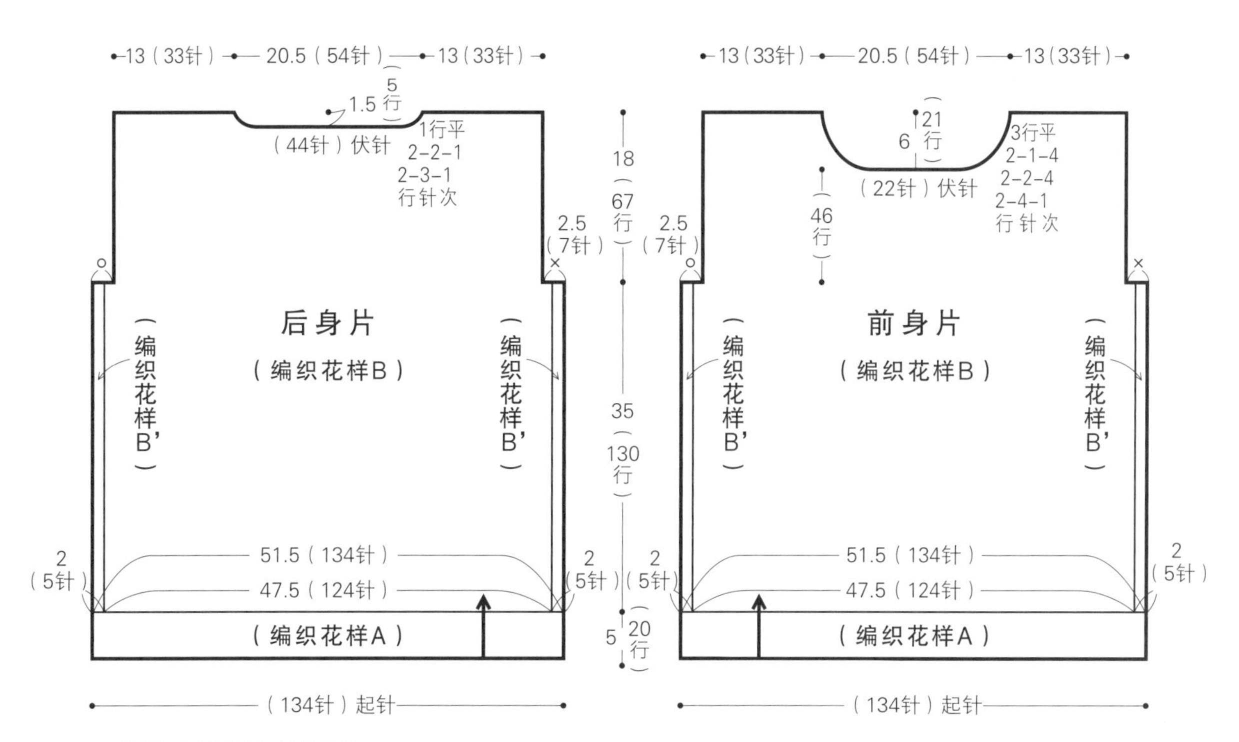

※ 除领口以外均用4号针编织

※ 对齐相同标记（○、×）做针与行的接合

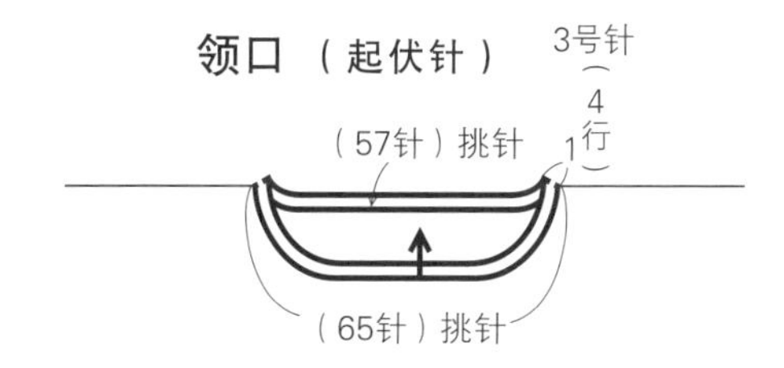

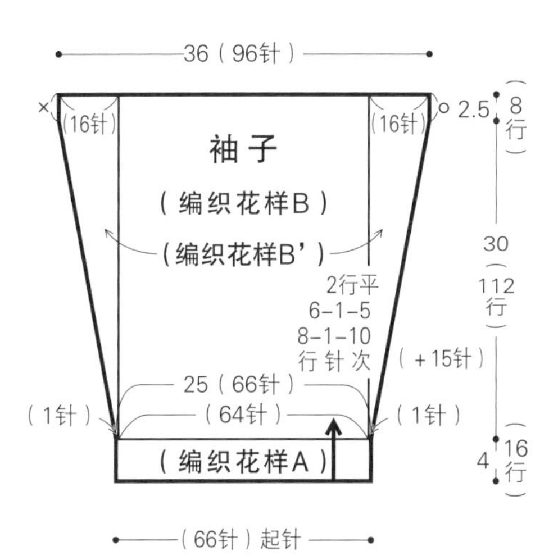

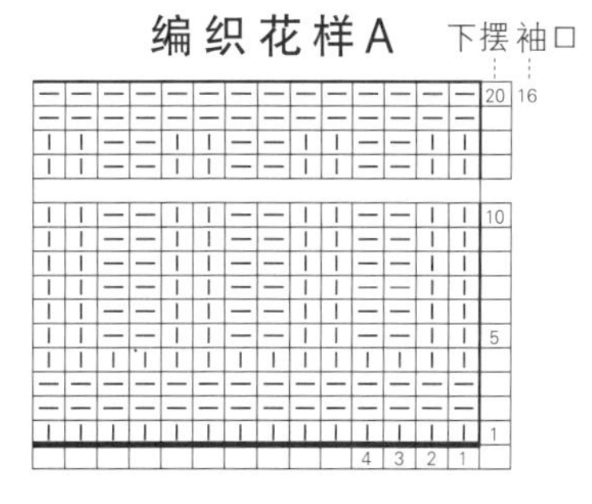

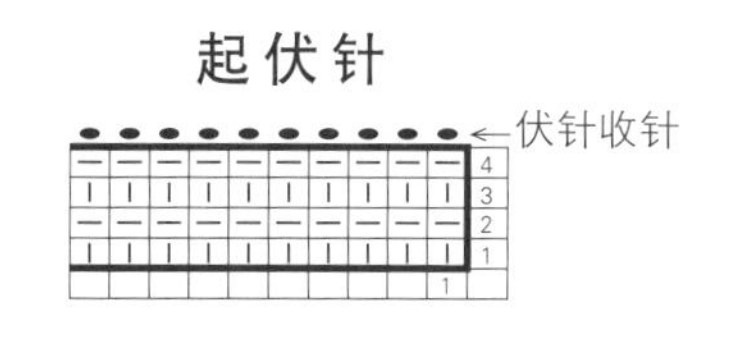

前领窝的减针

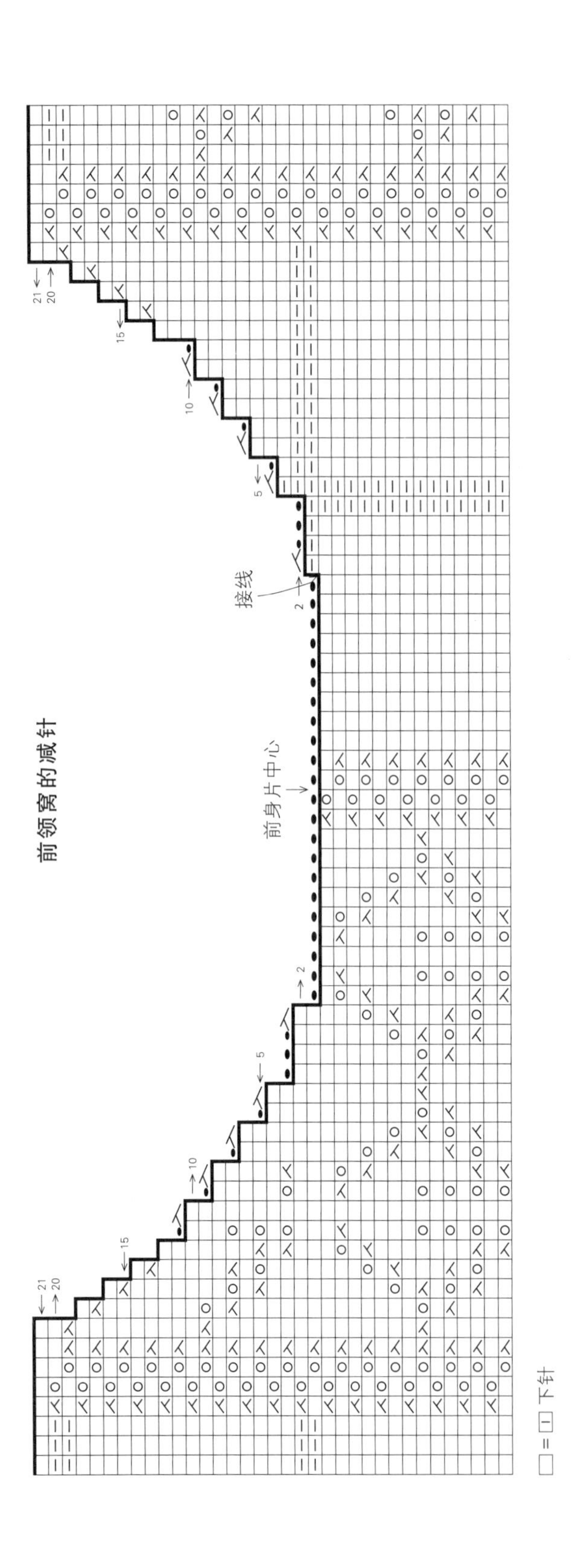

编织花样B'

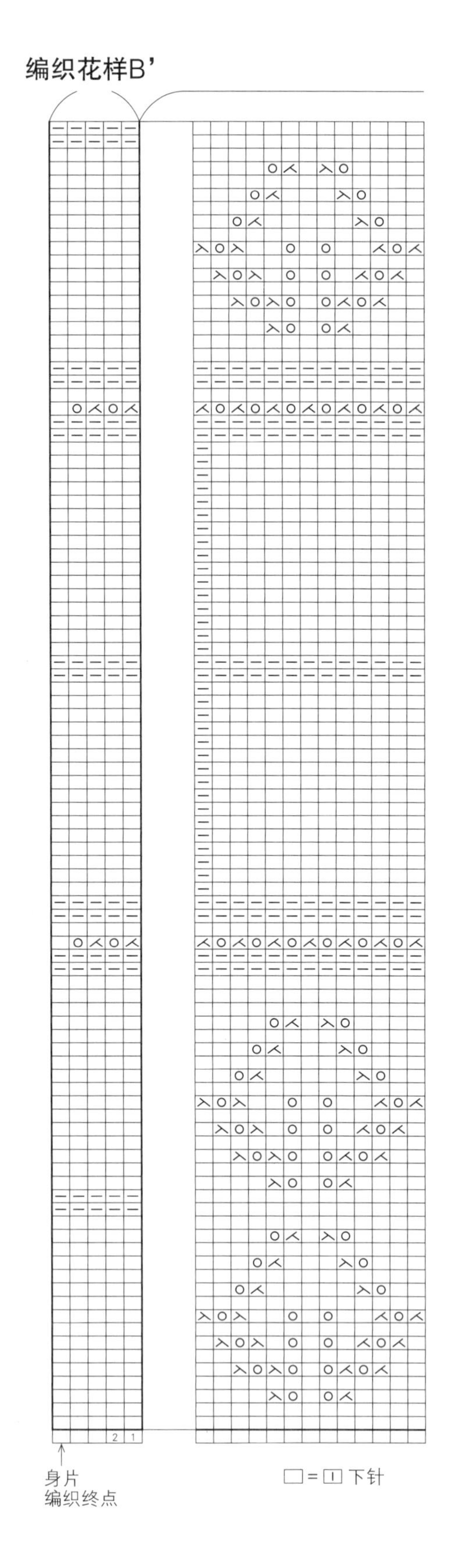

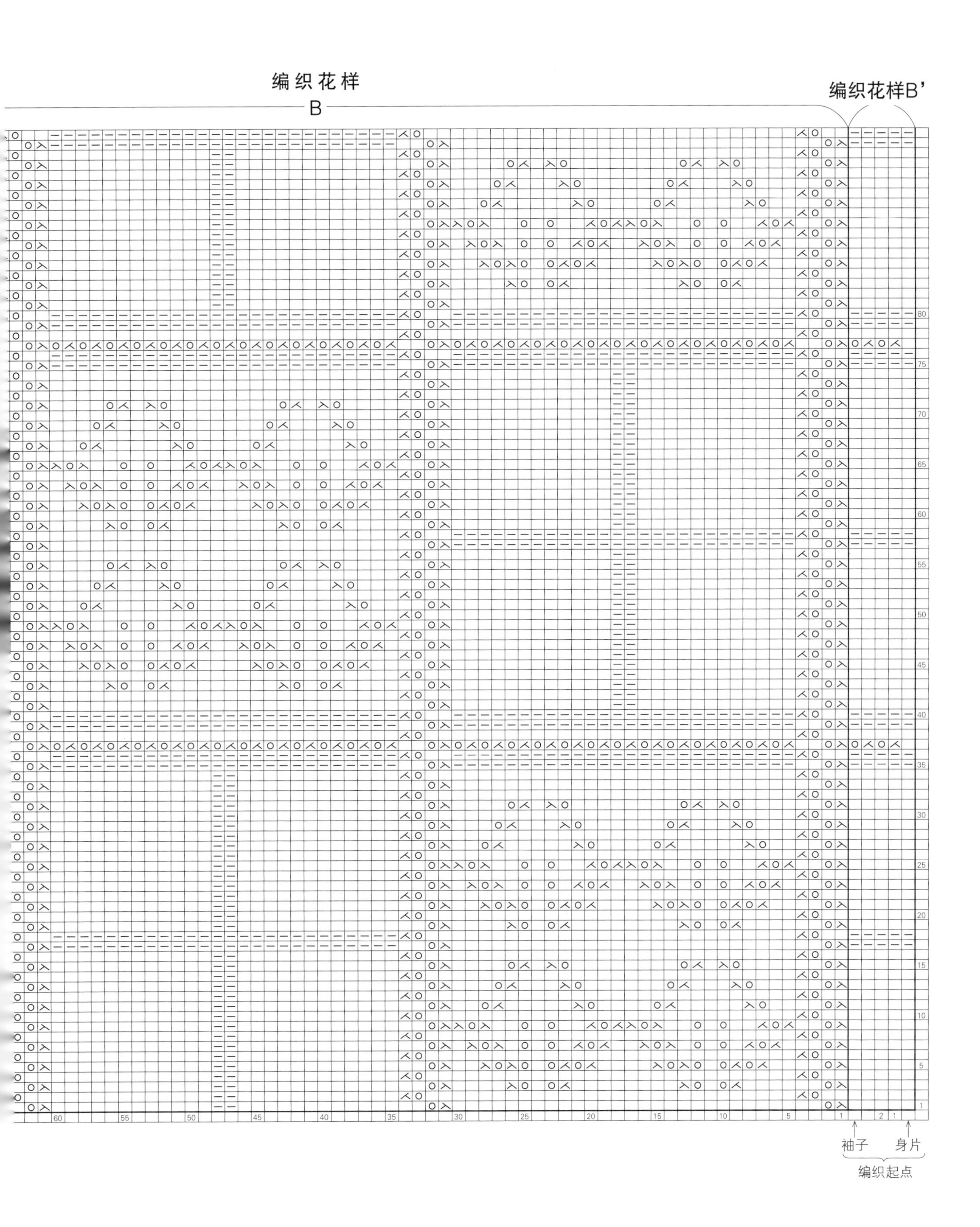

编织花样
B
编织花样B'
袖子
身片
编织起点

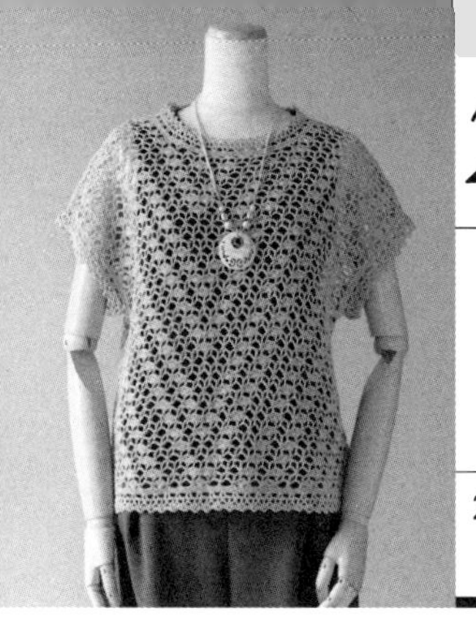

25

29页

■**材料** Ski Linen Silk（中细）奶油黄色（1419）195g/8团

■**工具** 钩针4/0号

■**成品尺寸** 胸围100cm，衣长53.5cm，连肩袖长32.5cm

■**编织密度** 10cm×10cm面积内：编织花样5个网眼，12行

■**编织要点** 身片钩织锁针起针后，在锁针的半针和里山挑针，按编织花样钩织。袖窿的加针、后领窝、斜肩、前领窝分别参照图1~图4钩织。前、后身片的肩部钩织引拔针和锁针接合。胁部钩织引拔针和锁针接合。领口、袖口、下摆分别环形钩织边缘编织。

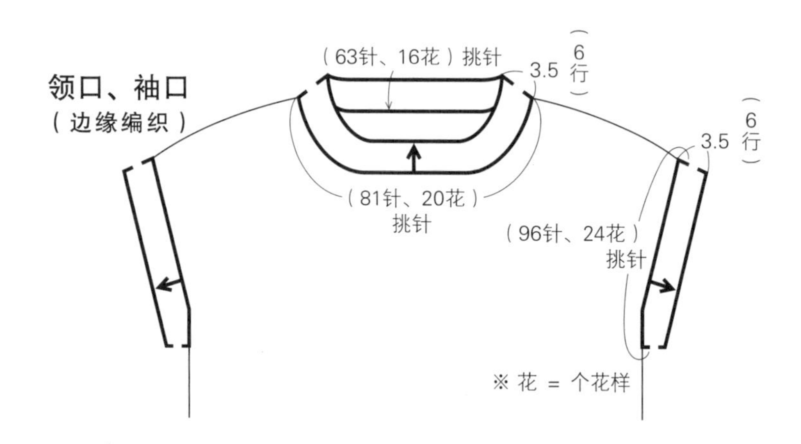

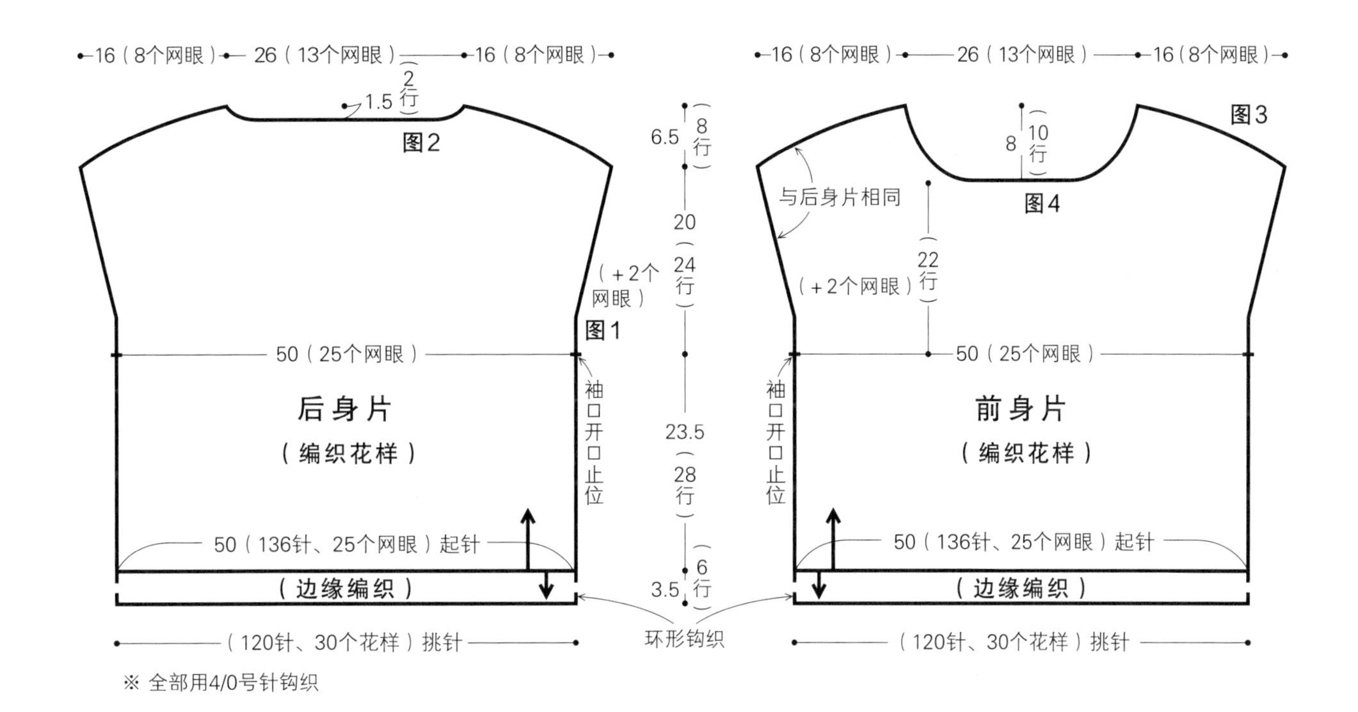

※ 全部用4/0号针钩织

编织花样

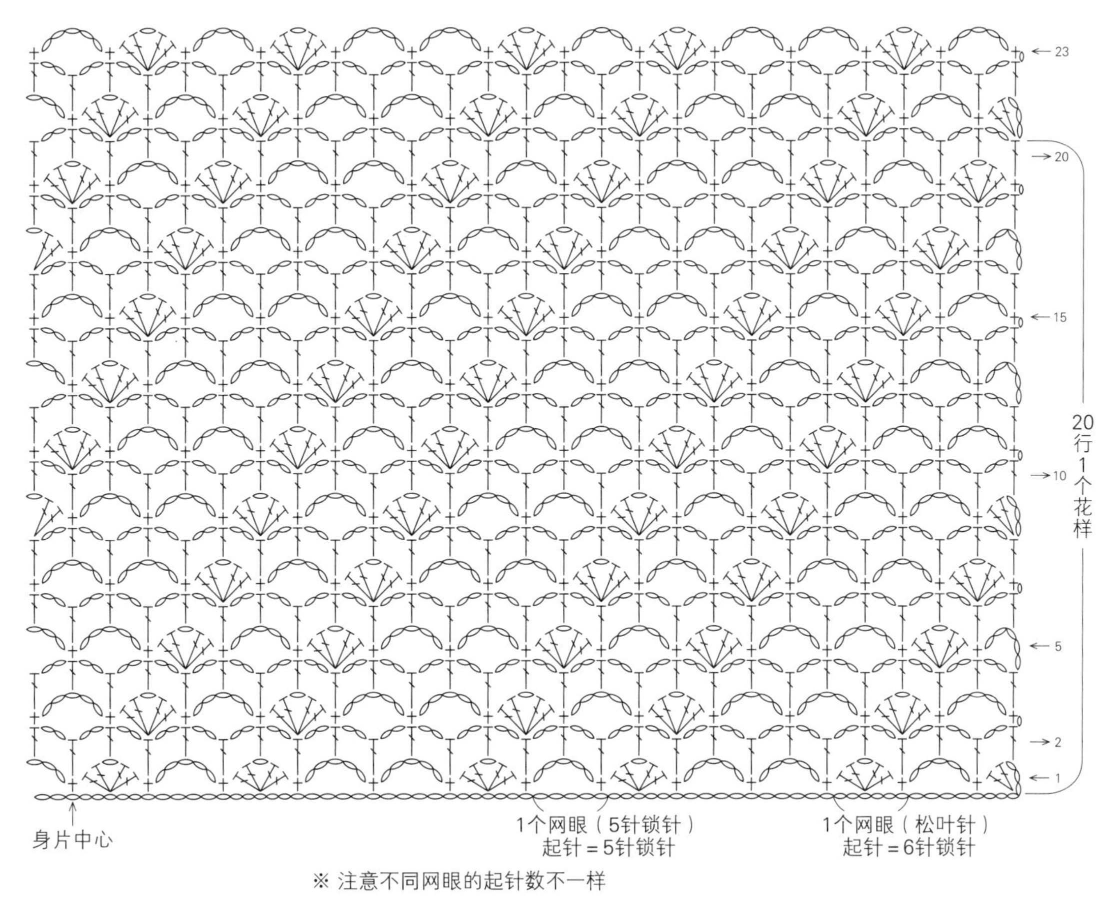

※ 注意不同网眼的起针数不一样

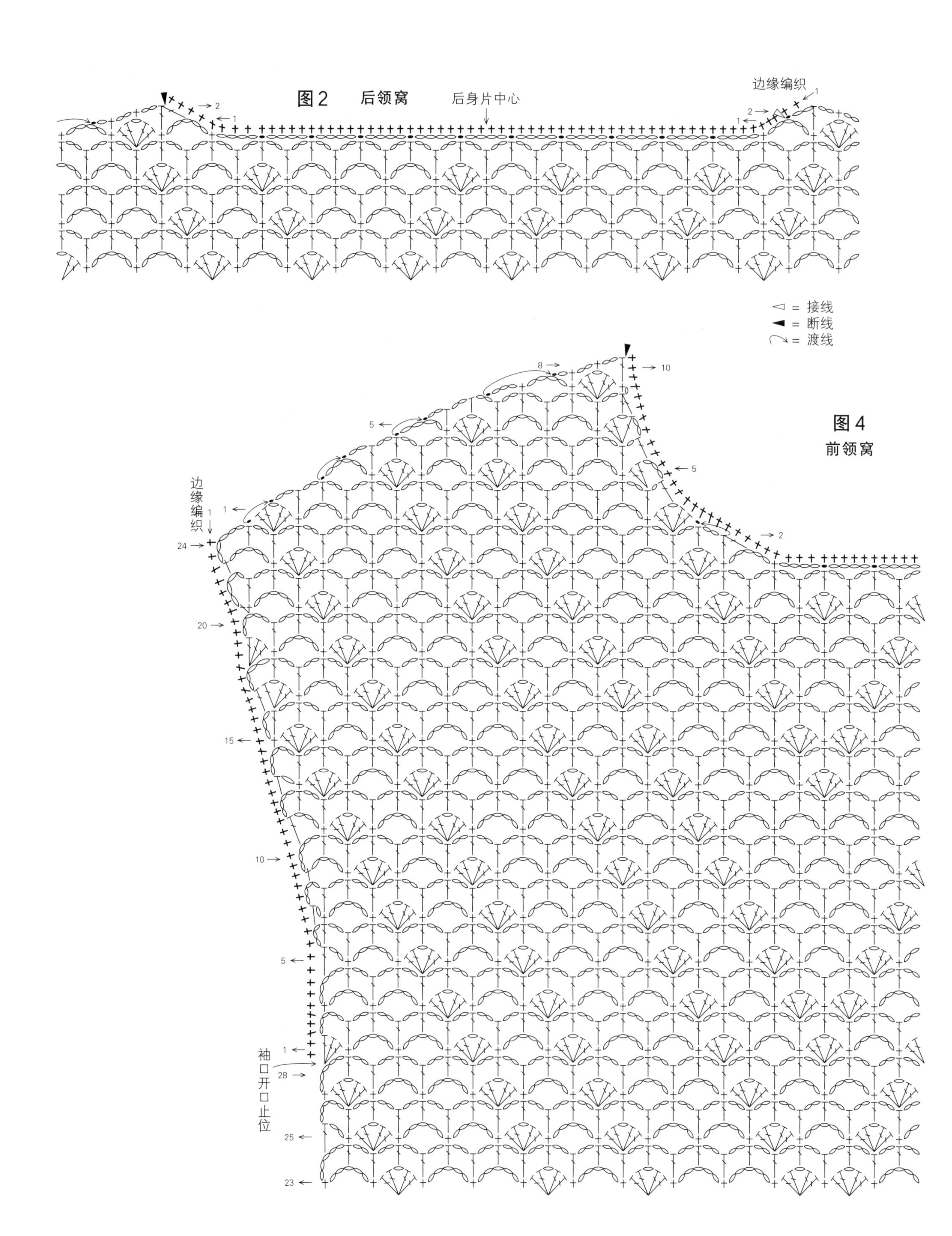
图2
后领窝
后身片中心
边缘编织
= 接线
= 断线
= 渡线
图4
前领窝
边缘编织
袖口开口止位

边缘编织（下摆、袖口、领口）

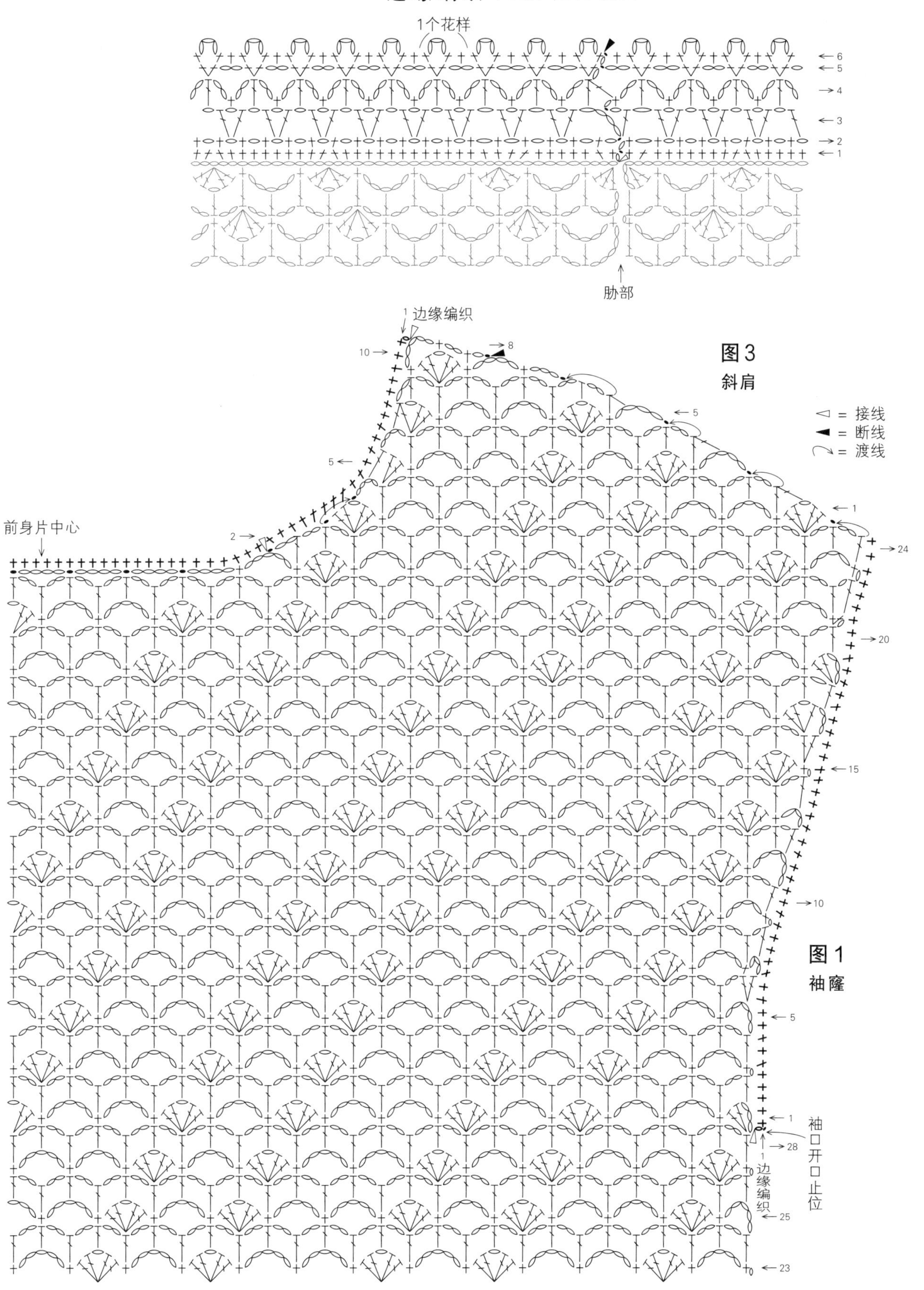

1个花样
6
5
4
3
2
1
胁部
1 边缘编织
10
8
图3
斜肩
5
◁ = 接线
◀ = 断线
= 渡线
5
1
2
前身片中心
24
20
15
10
图1
袖窿
5
1
28
袖口开口止位
1 边缘编织
25
23

26

30页

■材料　Ski Cotorra（粗）紫色+粉红色系段染（1815）295g/6团

■工具　棒针4号、3号，钩针4/0号、3/0号

■成品尺寸　胸围100cm，衣长53cm，连肩袖长56.5cm

■编织密度　10cm×10cm面积内：编织花样A、编织花样B均为30.5针，30行；下针编织27针，32行

■编织要点　身片钩织带狗牙拉针（3针锁针）的共线锁针起针，从锁针的里山挑针，依次做起伏针、编织花样A、编织花样B和下针编织。领窝减2针及以上时做伏针减针，减1针时立起侧边1针减针。袖子的编织要领与身片相同，袖下是在侧边1针的内侧做扭针加针。肩部做盖针接合。领口编织起伏针，结束时做伏针收针。袖子与身片之间做针与行的接合。胁部、袖下做挑针缝合。

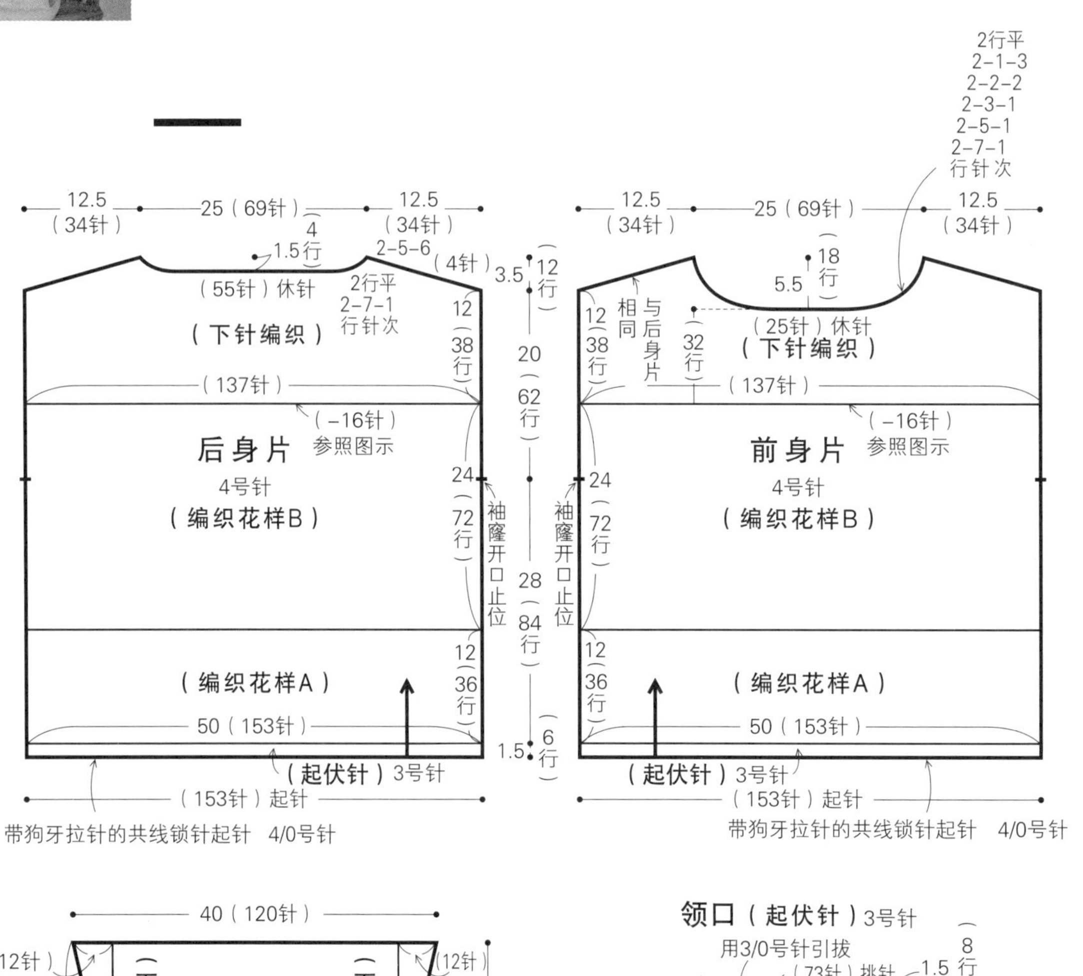

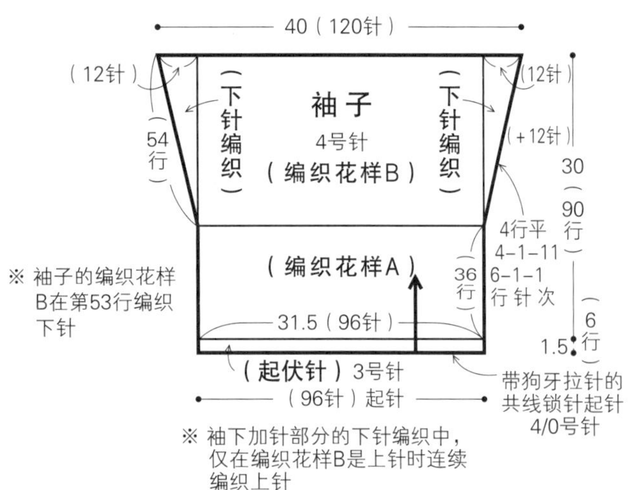

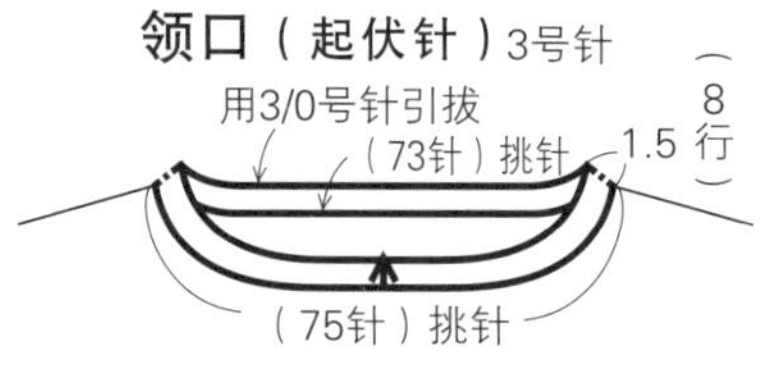

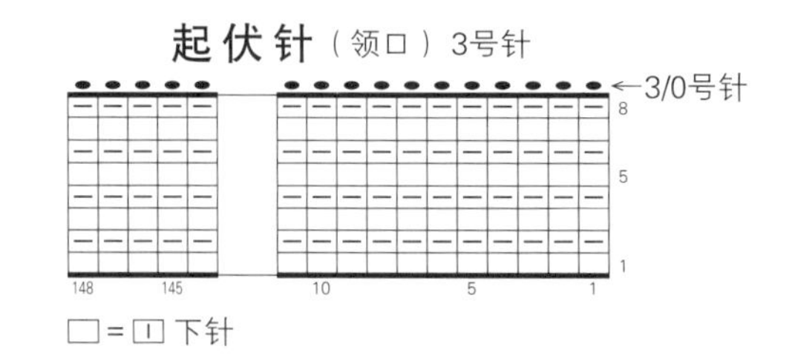

带狗牙拉针的共线锁针起针 4/0号针

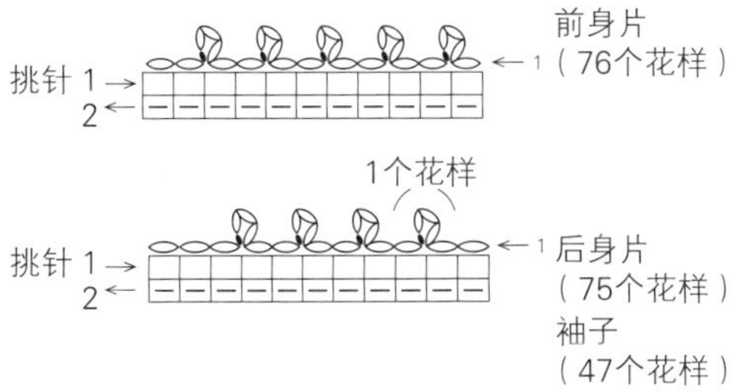

挑针 1→
2←
←1 前身片
（76个花样）

1个花样

挑针 1→
2←
←1 后身片
（75个花样）
袖子
（47个花样）

●共线锁针起针

使用与作品相同的线起针。为了避免起针太紧，请使用比所用棒针粗1号的钩针钩织锁针。

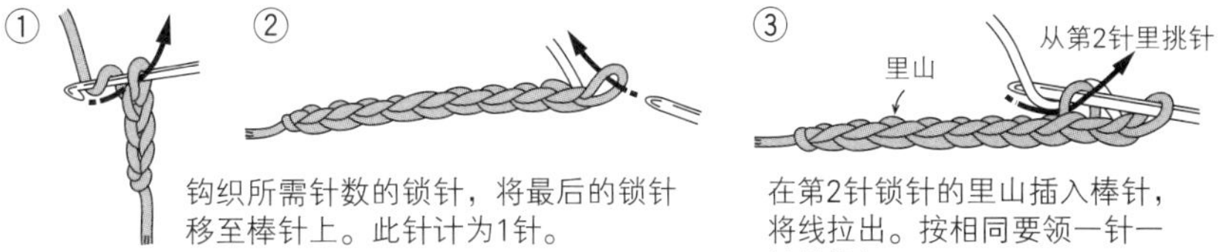

① ②

钩织所需针数的锁针，将最后的锁针移至棒针上。此针计为1针。

③

里山

从第2针里挑针

在第2针锁针的里山插入棒针，将线拉出。按相同要领一针一针地编织。

编织花样

■=无针目处

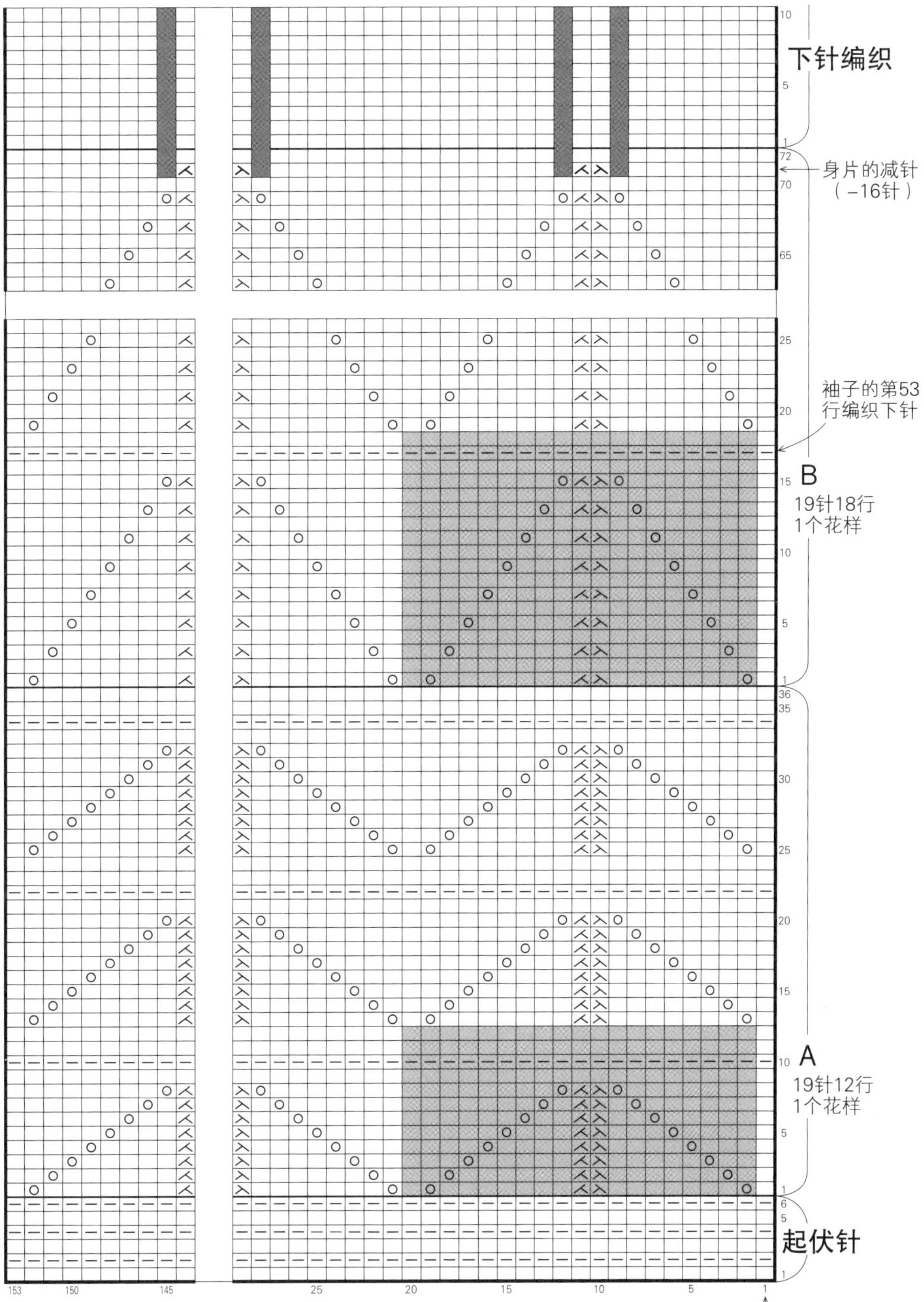

下针编织

身片的减针（−16针）

袖子的第53行编织下针

B
19针18行
1个花样

A
19针12行
1个花样

起伏针

□=□ 下针

身片、袖子的编织起点

接72页 作品19

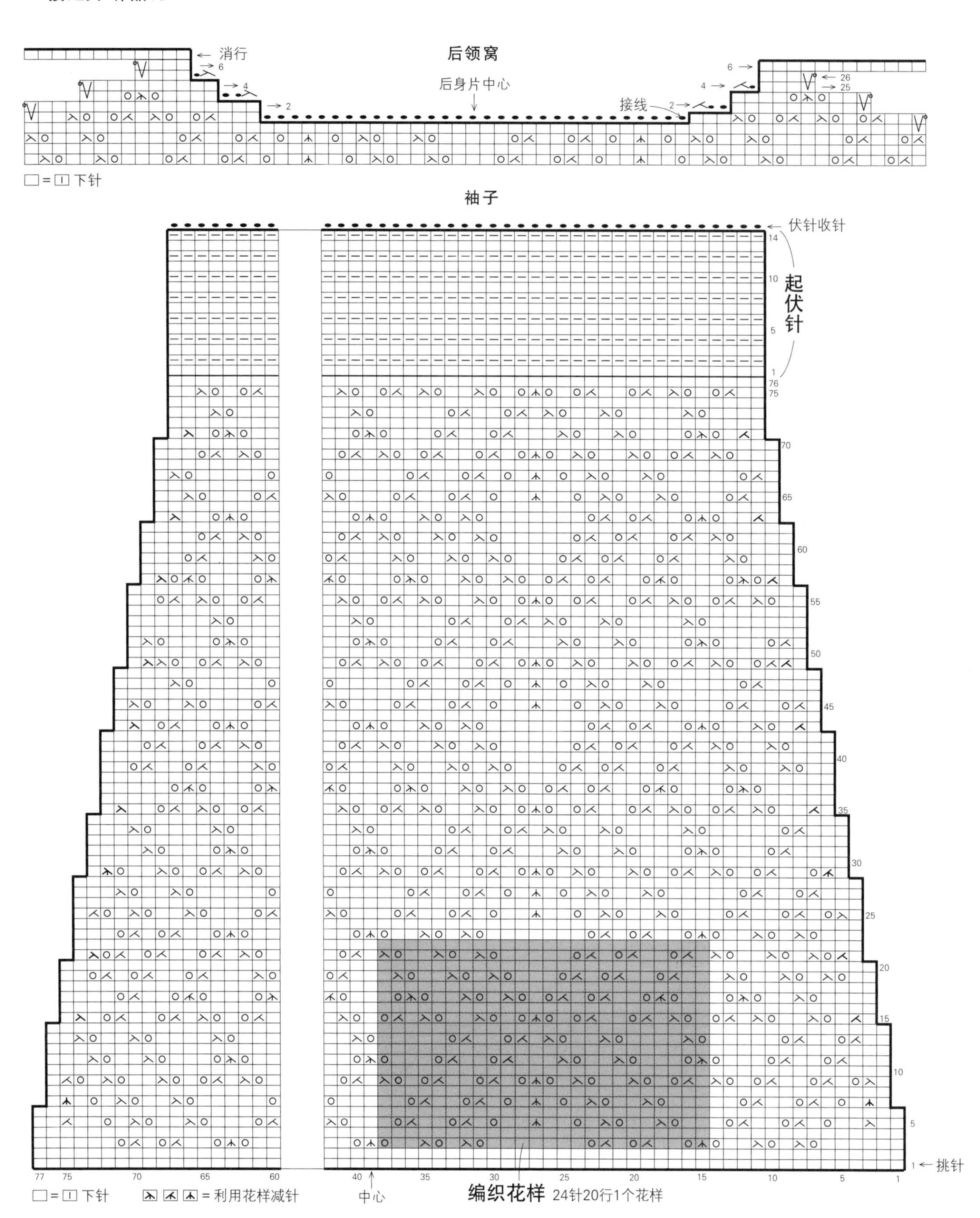

●卷针加针

左侧

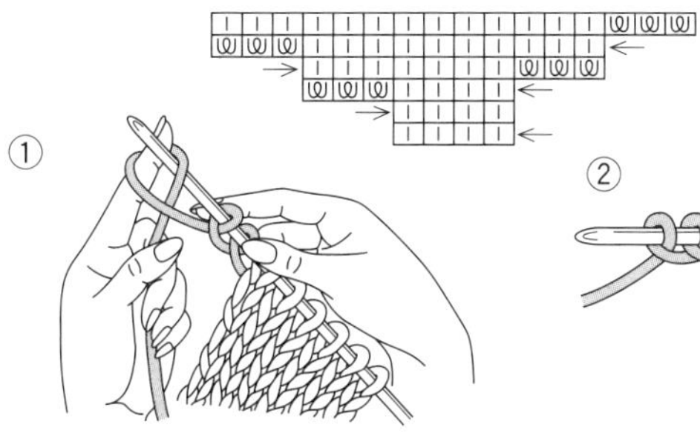

① 在食指上绕线，如图所示插入棒针，然后从食指上取下线圈。

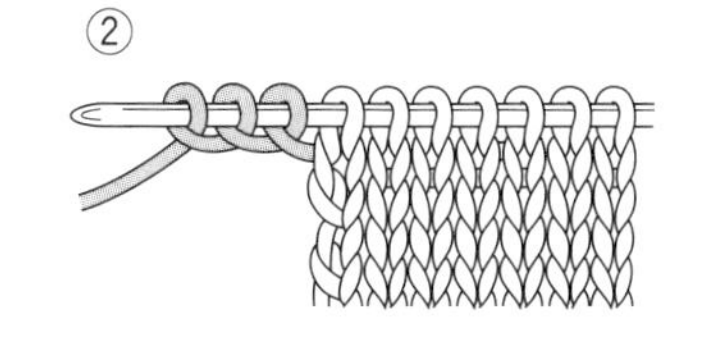

② 3针卷针完成后的状态。

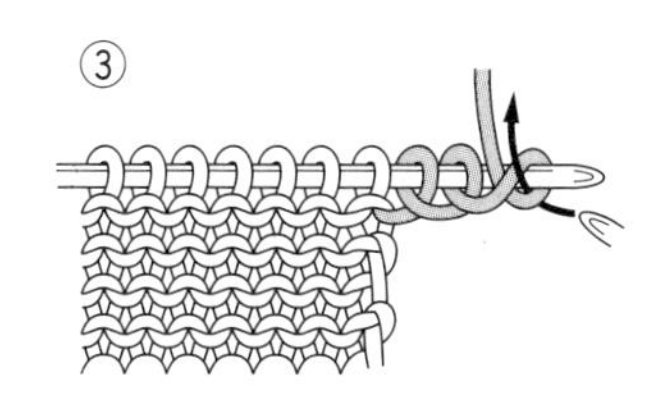

③ 下一行的编织起点，连续卷针加针时将边针滑过不织。如箭头所示插入棒针。

右侧

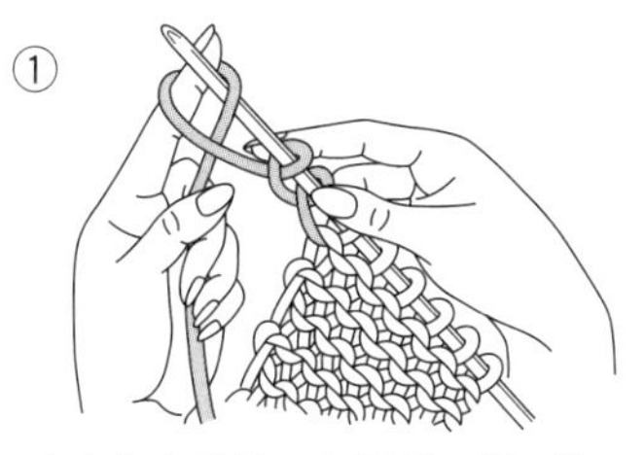

① 在食指上绕线，如图所示插入棒针，然后从食指上取下线圈。

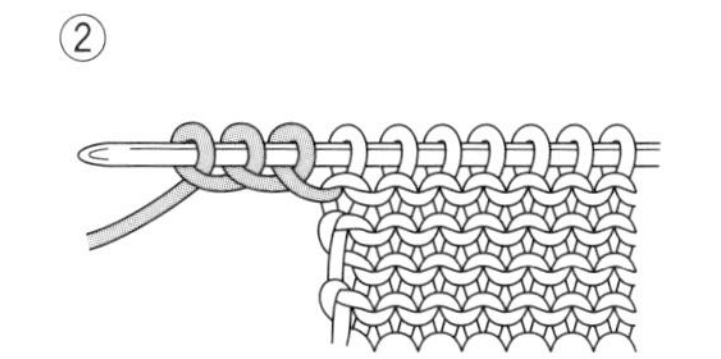

② 3针卷针完成后的状态。

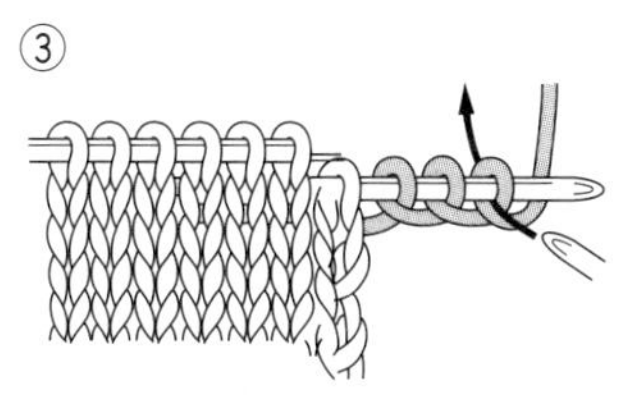

③ 下一行的编织起点，连续卷针加针时将边针滑过不织。如箭头所示插入棒针。

●渡线后继续钩织

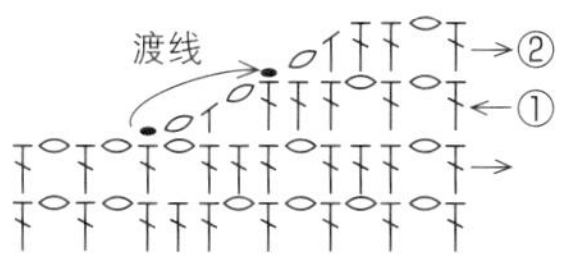

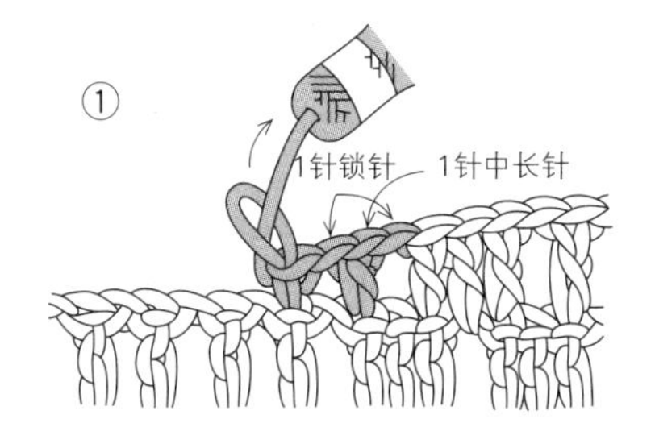

① 第1行的最后，拉大针上的线圈，穿过线团后收紧线圈。

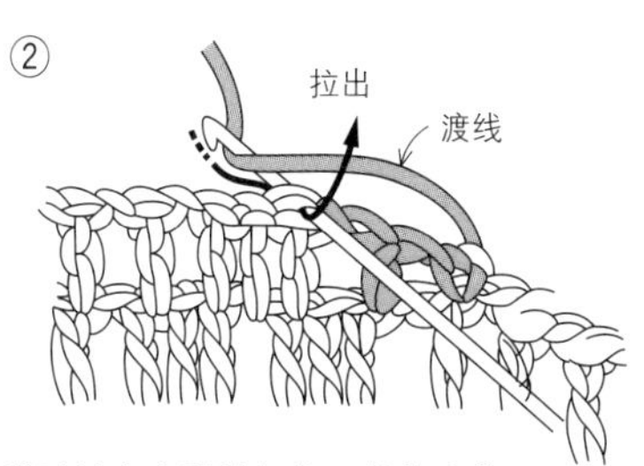

② 逆时针方向翻转织物，从指定位置将线拉出，继续钩织。

●4卷长针

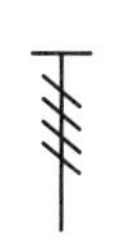

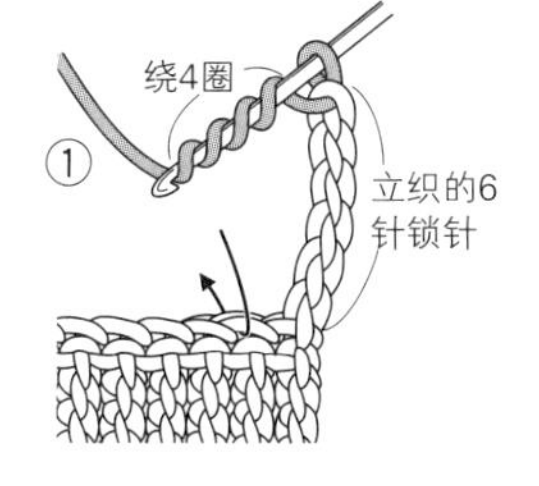

① 在针上绕4圈线，在前一行针目的头部2根线里插入钩针。

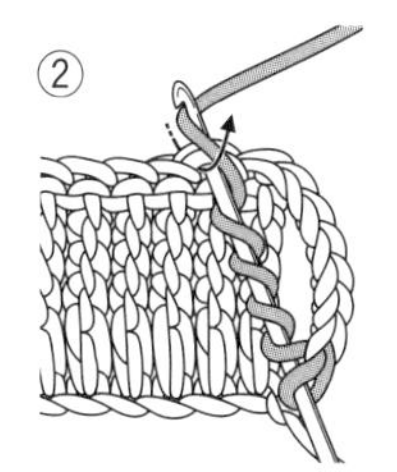

② 针头挂线后拉出。

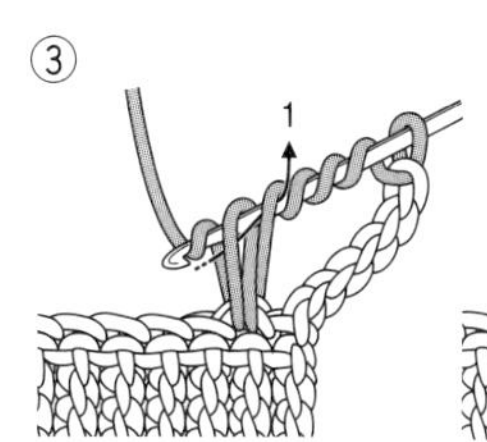

③ 针头挂线，从针头的2个线圈中一次性拉出。

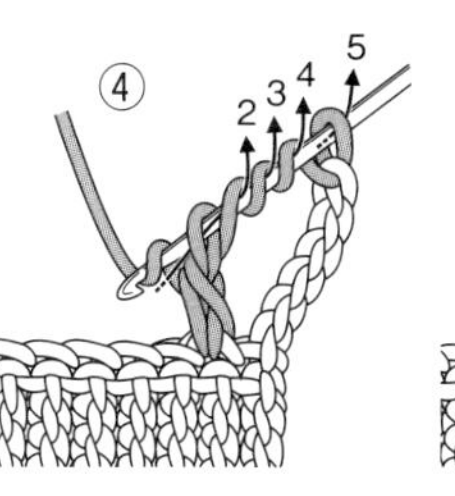

④ 重复4次“挂线，从前一次拉出的线圈以及下一个线圈中一次性拉出”。

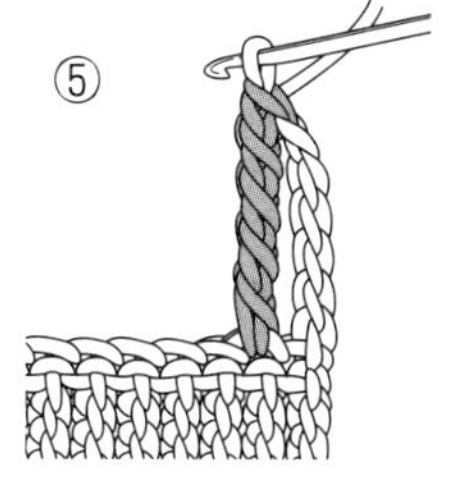

⑤ 4卷长针就完成了。

●长针的正拉针

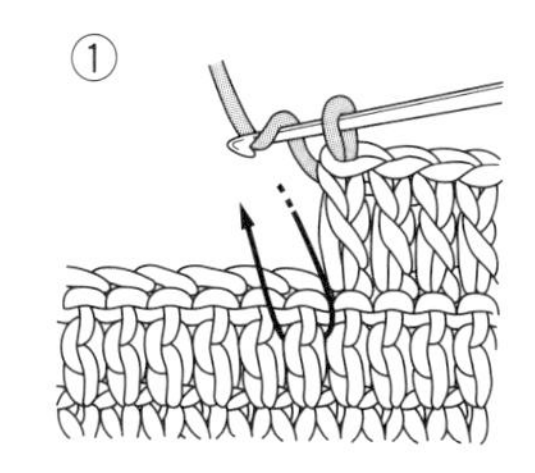

① 针头挂线，如箭头所示从前面插入钩针，挑起前一行针目的整个针脚。

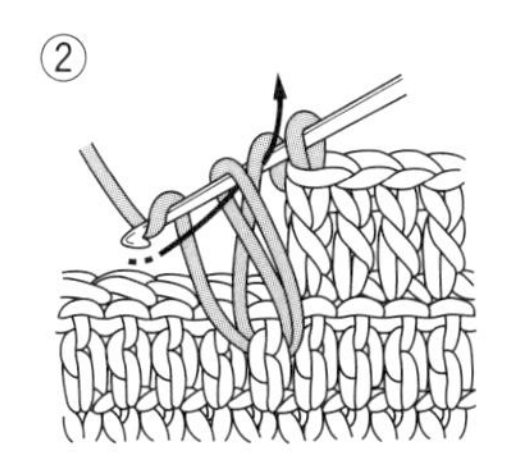

② 针头挂线，将线长长地拉出，一次性引拔穿过2个线圈。

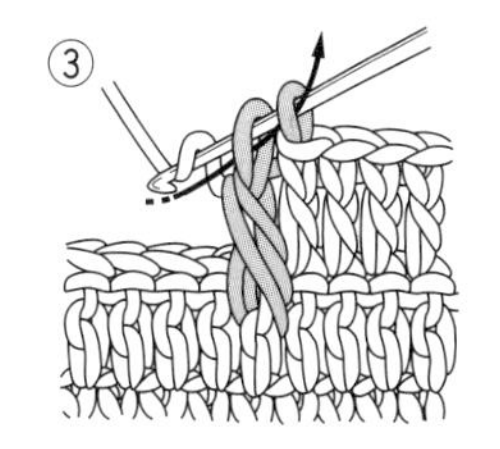

③ 如箭头所示一次性引拔穿过剩下的2个线圈，钩织长针。

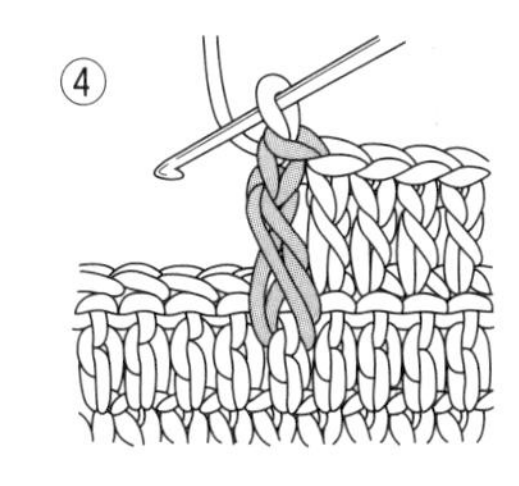

④ 长针的正拉针就完成了。前一行针目的头部位于织物的后面。

图书在版编目（CIP）数据

唯美手编. 15，靓丽多彩的编织 / 日本宝库社编著；蒋幼幼译. —郑州：河南科学技术出版社，2024.4
ISBN 978-7-5725-1428-9

Ⅰ.①唯…　Ⅱ.①日…　②蒋…　Ⅲ.①手工编织-图集　Ⅳ.①TS935.5-64

中国国家版本馆CIP数据核字（2024）第046630号

出版发行：河南科学技术出版社
地址：郑州市郑东新区祥盛街27号　邮编：450016
电话：（0371）65737028　65788613
网址：www.hnstp.cn
策划编辑：仝广娜
责任编辑：刘　瑞
责任校对：刘逸群
封面设计：张　伟
责任印制：徐海东
印　　刷：河南新达彩印有限公司
经　　销：全国新华书店
开　　本：889 mm×1 194 mm　1/16　印张：6.5　字数：180千字
版　　次：2024年4月第1版　2024年4月第1次印刷
定　　价：49.00元

如发现印、装质量问题，影响阅读，请与出版社联系并调换。